Photoshop

电商抠图+修图+调色+美化+合成

五大核心技术应用

郭庆改◎编著

U0252639

清华大学出版社
北京

内 容 简 介

本书从基础知识讲解到实用技法传授，涉及Photoshop电商五大核心知识点，从学习Photoshop基础知识开始到认识Photoshop电商的五大核心技术再到多项知识点的实战训练，以五大核心为中心，组成点线面相结合的立体化知识架构体系，汇集多位业内顶尖电商设计大师的从业经验，涵盖了几乎所有电商装修中常见的知识与实用技能。

本书在编写过程中除了系统化的知识整合之外，还附加了诸多技巧、提示等实用知识点，附赠高清多媒体语音教学素材一套，辅助学习本书，真正做到双管齐下、双向训练，效果极佳，超强学习技法传授直击学习核心，充分解读所有要点，真正做到学有所用、学有所得。

本书不但适合平面设计师、平面设计爱好者、平面设计相关从业人员阅读，也可作为社会培训学校、大中专院校及相关专业的教学参考用书或上机实践指导用书。

本书封面贴有清华大学出版社防伪标签，无标签者不得销售。

版权所有，侵权必究。举报：010-62782989，beiqinquan@tup.tsinghua.edu.cn。

图书在版编目(CIP)数据

Photoshop电商抠图+修图+调色+美化+合成五大核心技术应用 / 郭庆改编著. —北京：清华大学出版社，2022.1

ISBN 978-7-302-59058-3

Ⅰ.①P… Ⅱ.①郭… Ⅲ.①图像处理软件—教材 Ⅳ.①TP317.4

中国版本图书馆CIP数据核字（2021）第178886号

责任编辑：韩宜波
封面设计：李　坤
责任校对：李玉茹
责任印制：朱雨萌

出版发行：清华大学出版社
　　　　　网　　　址：http://www.tup.com.cn，http://www.wqbook.com
　　　　　地　　　址：北京清华大学学研大厦A座　　　　　　　　邮　　编：100084
　　　　　社 总 机：010-62770175　　　　　　　　　　　　　　邮　　购：010-62786544
　　　　　投稿与读者服务：010-62776969，c-service@tup.tsinghua.edu.cn
　　　　　质量反馈：010-62772015，zhiliang@tup.tsinghua.edu.cn
印 装 者：北京博海升彩色印刷有限公司
经　　销：全国新华书店
开　　本：190mm×260mm　　　　　印　　张：16.5　　　　　字　　数：407千字
版　　次：2022年1月第1版　　　　　印　　次：2022年1月第1次印刷
定　　价：88.00 元

产品编号：082443-01

随着时代的发展，传统的设计技法已跟不上发展的潮流，紧跟时代步伐是本书创作的一项立足点，结合当下设计趋势，从基础知识学习到进阶知识讲解再到高级知识介绍，系统化与超强核心是本书的最大特点，并且整合了数位业内顶级电商设计大师的经验。全书共分为9章，每一章都是以基础知识加实例的形式组织内容，以由浅入深的方式详细讲解了 Photoshop 电商的核心知识，通过用心体会及认真学习，相信您一定能感受到电商的设计之美。

每一章的前半部分为本章相对应的实用基础知识，同时对应的有实用案例的操作与实战训练。通过本书，读者可以快速掌握以下内容。

- Photoshop 基础知识
- 认识 Photoshop 电商五大核心
- 实用基础抠图技法详解
- 进阶与高级抠图技法详解
- 店铺商品修图技法解密
- 调色艺术在装修中的应用
- 店铺商品美化的秘诀
- 简单广告图合成技法
- 震撼绚丽合成图制作要领

随着大众审美的提升，人们更加关注身边美的事物，而设计品质是衡量美的一个基础标准，通过用心地感受本书，可体会顶尖设计之美，品味高端设计之道！

本书亮点

1. **内容全面**。本书在有限的页数之内整合了从 Photoshop 基础知识到电商的五大核心知识点，具有极强的概括性。本书内容由浅入深，循序渐进，让读者可以全面且系统化地掌握相关知识。

2. **真实案例**。本书中无论是基础知识还是实战案例训练，全部由业内顶尖设计大师倾力相助，所有案例全部来自于真实的商业应用，具有极高的含金量。

Photoshop 电商抠图＋修图＋调色＋美化＋合成五大核心技术应用

3．贴心提示。本书在编写过程中间接穿插实用技巧及提示，在学习过程中不但可以掌握小技巧、强化知识点，还可以避免走弯路，使学习效率直线提升。

4．实况教学。随书赠送高清多媒体语音教学视频，可以与书本内容相配合，学习效果极佳。

本书由郭庆改编著，在此感谢所有创作人员对本书付出的努力。由于作者水平有限，书中疏漏在所难免，希望广大读者批评、指正。

本书提供了案例的素材文件、源文件以及视频教学文件，扫一扫下面的二维码，推送到自己的邮箱后下载获取。

素材、源文件   视频教学

编　者

目录 CONTENTS

第4章 进阶与高级抠图技法详解

Photoshop 电商抠图＋修图＋调色＋美化＋合成五大核心技术应用

第 5 章 店铺商品修图技法解密

目 录

CONTENTS

第 6 章 调色艺术在装修中的应用

第 7 章 店铺商品美化的秘诀

Photoshop 电商抠图＋修图＋调色＋美化＋合成五大核心技术应用

第 8 章　简单广告图合成技法

目录 CONTENTS

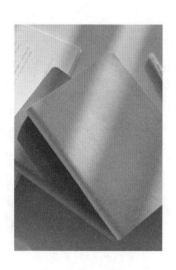

第 **9** 章 震撼绚丽合成图制作要领

Photoshop 电商抠图 + 修图 + 调色 + 美化 + 合成五大核心技术应用

第 1 章
CHAPTER ONE
学习 Photoshop 基础知识

内容摘要

本章从 Photoshop 的基础知识入手，详细讲解了 Photoshop 的功能和基本操作技巧，让读者在掌握电商装修之前，对其有基本的了解，为以后更深入地学习打下坚实的基础。

教学目标

- 认识 Photoshop 工作区
- 创建 Photoshop 工作环境

佳作欣赏

1.1 认识 Photoshop 工作区

在 Photoshop 中，可以使用各种元素，如面板、栏以及窗口等来创建和处理文档和文件。这些元素的任意排列方式称为工作区。可以通过在多个预设工作区中进行选择或创建自己的工作区来调整各个应用程序。

Photoshop 的工作区主要由应用程序栏、菜单栏、选项栏、选项卡式文档窗口、工具箱、面板组和状态栏等组成，Photoshop 的工作区如图 1.1 所示。

图 1.1　Photoshop 工作区

1.1.1　管理文档窗口

在 Photoshop 中可以对文档窗口进行调整，以满足不同用户的需要，如浮动或合并文档窗口、缩放或移动文档窗口等。

1. 浮动或合并文档窗口

默认状态下，打开的文档窗口处于合并状态，可以通过拖动的方法将其变成浮动窗口。当然，如果当前窗口处于浮动状态，也可以通过拖动将其变成合并状态。将光标移动到窗口选项卡位置，即文档窗口的标题栏位置。按住鼠标向外拖动，以窗口边缘不出现蓝色边框为限，释放鼠标即可将其由合并状态变成浮动状态。合并变浮动窗口操作过程如图 1.2 所示。

图 1.2　合并变浮动窗口操作过程

当窗口处于浮动状态时，将光标放置在标题栏位置，按住鼠标左键将其向工作区边缘靠近，当工作区边缘出现蓝色边框时，释放鼠标，即可将窗口由浮动状态变成合并状态。其操作过程如图 1.3 所示。

图 1.3　浮动变合并窗口操作过程

提示

文档窗口不但可以和工作区合并，还可以将多个文档窗口进行合并，操作方法与上述浮动或合并文档窗口的方法相同，这里不再赘述。

除了使用前面讲解的利用拖动方法来浮动或合并窗口外，还可以使用菜单命令来快速合并或浮动文档窗口。执行菜单栏中的【窗口】|【排列】命令，在其子菜单中选择【在窗口中浮动】、【使所有内容在窗口中浮动】或【将所有内容合并到选项卡中】命令，可以快速地将单个窗口浮动、所有文档窗口浮动或所有文档窗口合并，效果如图 1.4 所示。

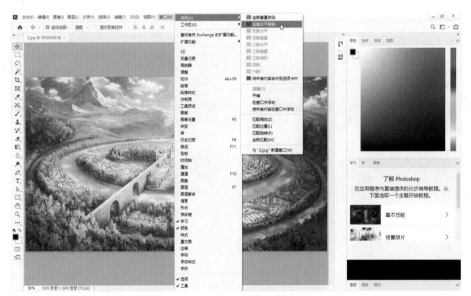

图 1.4　【排列】子菜单

2. 移动文档窗口的位置

为了操作方便，可以将文档窗口随意地移动，但需要注意的是，文档窗口不能处于选项卡式或最大化，处于选项卡式或最大化的文档窗口是不能移动的。将光标移动到标题栏位置，按住鼠标左键将文档窗口向需要的位置拖动，到达合适的位置后释放鼠标即可完成文档窗口的移动。移动文档窗口位置的操作过程如图 1.5 所示。

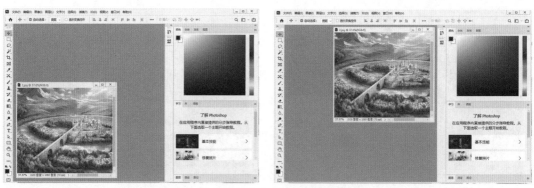

图 1.5　移动文档窗口位置的操作过程

> **技巧**
>
> 在移动文档窗口时，经常会不小心将文档窗口与工作区或其他文档窗口合并，为了避免这种现象发生，可以在移动位置时按住 Ctrl 键。

3. 调整文档窗口大小

为了操作方便，还可以调整文档窗口的大小，将光标移动至窗口的右下角位置，光标将变成一个双箭头。如果想放大文档窗口，按住鼠标左键向右下角拖动，即可将文档窗口放大；如果想缩小文档窗口，按住鼠标左键向左上方拖动，即可将文档窗口缩小。缩放文档窗口的操作过程如图 1.6 所示。

图 1.6　缩放文档窗口的操作过程

> **提示**
>
> 缩放文档窗口时，不但可以将光标放在窗口右下角，也可以放在左上角、右上角、左下角，以及上、下、左、右边缘位置。注意，只要光标变成双箭头即可拖动调整。

1.1.2　操作面板组

默认情况下，面板以面板组的形式出现，位于 Photoshop 界面的右侧，主要用于对当前图像的颜色、图层、信息导航、样式以及相关的操作进行设置。Photoshop 中的面板可以任意进行分离、移动和组合。分离后的【色板】面板如图 1.7 所示。

图 1.7 面板的基本组成

面板有多种操作，各种操作方法如下。

1. 打开或关闭面板

在【窗口】菜单中选择面板名称，可以打开或关闭不同的面板，也可以单击面板右上方的关闭按钮来关闭面板。

技巧

按 Tab 键可以隐藏或显示所有面板、工具箱和选项栏；按 Shift + Tab 组合键可以只隐藏或只显示所有面板，不包括工具箱和选项栏。

2. 显示面板内容

在多个面板组中，如果想查看某个面板的内容，可以直接单击该面板的选项卡名称。如选择【颜色】选项卡，即可显示该面板内容。其操作过程如图 1.8 所示。

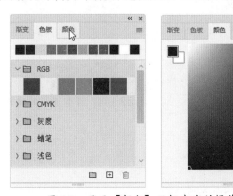

图 1.8 显示【颜色】面板内容的操作过程

3. 移动面板

在移动面板时，可以看到蓝色突出显示的放置区域，可以在该区域中移动面板。例如，通过将一个面板拖动到另一个面板上面或下面的窄蓝色放置区域中，可以在停放中向上或向下移动该面板。如果拖动到的区域不是放置区域，该面板将在工作区中自由浮动。

★ 要单独移动某个面板，可以拖动该面板顶部的标题栏或选项卡位置。

★ 要移动面板组或堆叠的浮动面板，需要拖动该面板组或堆叠面板的标题栏。

4. 分离面板

在面板组中，在某个选项卡名称处按住鼠标左键向面板组以外的位置拖动，即可将该面板分离出来。其操作过程及效果如图 1.9 所示。

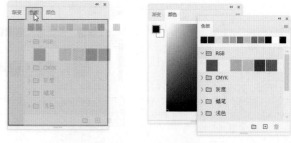

图 1.9　分离面板的操作过程及效果

5. 组合面板

在一个独立面板的选项卡名称位置按住鼠标，然后将其拖动到另一个浮动面板上，当另一个面板周围出现蓝色的方框时，释放鼠标即可将面板组合在一起。其操作过程及效果如图 1.10 所示。

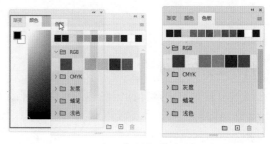

图 1.10　组合面板的操作过程及效果

6. 停靠面板组

为了节省空间，还可以将组合的面板停靠在右侧软件的边缘位置，或与其他面板组停靠在一起。

拖动面板组上方的标题栏或选项卡位置，将其移动到另一组或一个面板边缘位置，当看到一条垂直的蓝色线条时，释放鼠标即可将该面板组停靠在其他面板或面板组的边缘位置。其操作过程及效果如图 1.11 所示。

图 1.11　停靠面板的操作过程及效果

> **技巧**
>
> 可以将面板或面板组从停靠的面板或面板组中分离出来，只需要拖动选项卡或标题栏位置，将其拖走，即可将其拖动到另一个位置停靠，或使其变成自由浮动面板。

7. 堆叠面板

当将面板拖出停放但并不将其拖入放置区域时，面板会自由浮动。可以将浮动的面板放在工作区的任何位置；也可以将浮动的面板或面板组堆叠在一起，以便在拖动最上面的标题栏时将它们作为一个整体进行移动。堆叠不同于停靠，停靠是将面板或面板组停靠在另一面板或面板组的左侧或右侧，而堆叠则是将面板或面板组堆叠起来，形成上下堆叠的面板组效果。

要堆叠浮动的面板，拖动面板的选项卡或标题栏位置到另一个面板底部的放置区域，当面板的底部出现一条蓝色直线时，释放鼠标即可完成堆叠。要更改堆叠顺序，可以向上或向下拖移面板选项卡。堆叠面板的操作过程及效果如图 1.12 所示。

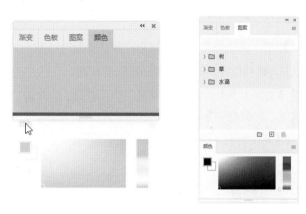

图 1.12　堆叠面板的操作过程及效果

技巧

如果想从堆叠中分离出面板或面板组使其自由浮动，拖动其选项卡或标题栏到面板以外的位置即可。

8. 折叠面板组

为了节省空间，Photoshop 提供了面板组的折叠操作，可以将面板组折叠起来，以图标的形式来显示。

单击折叠为图标«按钮，可以将面板组折叠起来，以节省更大的空间，如果想展开折叠面板组，可以单击展开面板»按钮，将面板组展开，操作效果如图 1.13 所示。

图 1.13　面板组折叠效果

1.1.3　认识选项栏

选项栏也叫工具选项栏，默认位于菜单栏的下方，用于对相应的工具进行各种属性设置。选项栏内容不是固定的，它会随所选工具的不同而改变。在工具箱中选择一个工具，选项栏中就会显示该工具对应的属性设置。例如，在工具箱中选择了【矩形选框工具】［］，选项栏的显示结果如图 1.14 所示。

图 1.14　【矩形选框工具】选项栏

提示

当选项栏处于浮动状态时，在选项栏的左侧有一个黑色区域，这个黑色区域叫手柄区，可以通过拖动手柄区移动选项栏的位置。

在选项栏中设置完参数后，如果想将该工具选项栏中的参数恢复为默认设置，可以在工具选项栏左侧的工具图标处单击右键，从弹出的快捷菜单中选择【复位工具】命令，即可将当前工具选项栏中的参数恢复为默认值。如果想将所有的工具选项栏的参数都恢复为默认设置，请选择【复位所有工具】命令，如图1.15所示。

图 1.15　右键菜单

1.1.4　认识工具箱

工具箱在初始状态下一般位于窗口的左侧，当然也可以根据自己的使用习惯拖动到其他位置。利用工具箱中提供的工具，可以进行选择、绘画、取样、编辑、移动、注释和查看图像等操作。还可以更改前景色和背景色以及进行图像的快速蒙版等操作。

若想知道各个工具的快捷键，可以将鼠标指向工具箱中某个工具按钮图标，稍等片刻后，就会出现一个工具名称的提示，提示括号中的字母即为该工具的快捷键，效果如图1.16所示。

图 1.16　工具提示效果

提示

工具提示右侧括号中的字母为该工具的快捷键，有些位于一个隐藏组中的工具有相同的快捷键，如【魔棒工具】🪄和【快速选择工具】🖌的快捷键都是W，此时可以按Shift + W组合键，在工具中进行循环选择。

技巧

在英文输入法状态下，选择带有隐藏工具的工具后，按住Shift键的同时，连续按下该工具的快捷键，可以依次选择隐藏的工具。

1.1.5　隐藏工具的操作技巧

工具箱中没有显示出全部工具，有些工具被隐藏起来了。只要细心观察，会发现有些工具图标中有一个小三角的符号，这表明在该工具中还有与之相关的其他工具。要打开这些工具，有以下两种方法。

★　方法1：将鼠标移至含有多个工具的图标上，按住鼠标不放，会出现一个工具选择菜单，然后拖动鼠标至想要选择的工具处释放鼠标即可。如选择【标尺工具】🖳的操作效果如图 1.17 所示。

★ 方法 2：在含有多个工具的图标上单击鼠标右键，就会弹出工具选项菜单，单击选择相应的工具即可。

图 1.17　选择【标尺工具】的操作效果

1.2　创建 Photoshop 工作环境

本节将详细介绍有关 Photoshop 的一些基本操作，包括图像文件的新建、打开、存储和置入等，为以后的深入学习打下良好的基础。

1.2.1　创建新文档

创建新文档的方法非常简单，具体的操作方法如下。

（1）执行菜单栏中的【文件】|【新建】命令，打开【新建文档】对话框。

> **技巧**
>
> 按键盘上的 Ctrl + N 组合键，也可以快速打开【新建文档】对话框。

（2）在【名称】文本框中输入新建的文件名称，其默认的名称为"未标题 -1"，比如这里输入名称"插画"。

（3）在【宽度】和【高度】文本框中可以直接输入大小，不过需要注意的是，要先设置单位再输入大小，不然可能会出现错误。比如设置【宽度】的值为 10 厘米，【高度】的值为 20 厘米，设置宽度和高度的操作效果如图 1.18 所示。

（4）在【分辨率】文本框中可以设置适当的分辨率。一般用于彩色印刷的图像分辨率应达到 300；用于报纸、杂志等一般印刷的图像分辨率应达到 150；用于网页、屏幕浏览的图像分辨率可设置为 72，单位通常采用"像素 / 英寸"。

（5）在【颜色模式】下拉列表中选择图像所要应用的颜色模式。可选的模式有：【位图】、【灰度】、【RGB 颜色】、【CMYK 颜色】、【Lab 颜色】以及 1bit、8bit、16bit 和 32bit 通道模式。根据文件输出的需要可以自行设置，一般情况下选择【RGB 颜色】和【CMYK 颜色】模式以及 8bit 通道模式。另外，如果用于网页制作，可选择【RGB 颜色】模式；如果用于印刷，一般选择【CMYK 颜色】模式。

图 1.18　设置宽度和高度

(6) 在【背景内容】下拉列表中，选择新建文件的背景颜色，比如选择白色。

1.2.2　打开图像

要编辑或修改已存在的 Photoshop 文件或其他软件生成的图像文件时，可以使用【打开】命令将其打开，具体操作如下。

(1) 执行菜单栏中的【文件】|【打开】命令，或在工作区的空白处双击，弹出【打开】对话框。

按 Ctrl + O 组合键，可以快速弹出【打开】对话框。

(2) 选择要打开的图像文件，比如选择本书配备的"调用素材 \ 第 1 章 \ 蛋糕 .jpg"文件，如图 1.19 所示。

(3) 单击【打开】按钮，即可将该图像文件打开，打开的效果如图 1.20 所示。

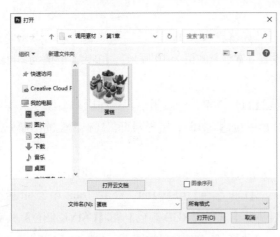

图 1.19　选择图像文件

图 1.20　图像效果

1.2.3　打开最近使用的文档

在【文件】|【最近打开文件】子菜单中显示了最近打开过的 20 个图像文件，如图 1.21 所示。如果要打开的图像文件名称显示在该子菜单中，则选中该文件名即可打开该文件，省去了查找该图像文件的烦琐操作。除了使用【打开】命令外，还可以使用【打开为】命令打开文件。【打开为】命令与【打开】命令的不同之处在于，【打开为】命令可以打开一些使用【打开】命令无法辨认的文件，例如某些图像从网络上下载后如果以错误的格式保存，使用【打开】命令则有可能无法打开，此时可以尝试使用【打开为】命令。

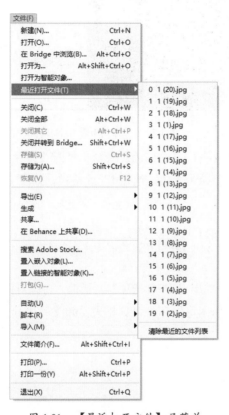

图 1.21　【最近打开文件】子菜单

技巧

如果要清除【最近打开文件】子菜单中的选项命令，可以执行菜单栏中的【文件】|【最近打开文件】|【清除最近的文件列表】命令。

如果要同时打开相同存储位置下的多个图像文件，按住 Ctrl 键逐个单击需要打开的图像文件，然后单击【打开】按钮即可。在选取图像文件时，按住 Shift 键可以连续选择多个图像文件。

1.2.4　将分层素材存储为 JPG 格式

当完成一件作品或者处理完一幅打开的图像时，需要将处理完的图像进行存储，这时就可以应用存储命令，存储文件时格式非常关键。下面以实例的形式来讲解文件的保存操作。

（1）首先打开一个分层素材。执行菜单栏中的【文件】|【打开】命令，打开本书配备的"调用素材\第1章\仙境森林.psd"文件。打开该图像后，可以在图层面板中看到当前图像的分层效果，如图1.22所示。

图1.22　打开的分层图像

（2）执行菜单栏中的【文件】|【存储为】命令，打开【另存为】对话框，指定保存的位置和文件名后，在【保存类型】下拉列表中，选择JPEG格式，如图1.23所示。

> **技巧**
>
> 【存储】的快捷键为Ctrl＋S；【存储为】的快捷键为Ctrl＋Shift＋S。

（3）单击【保存】按钮，弹出【JPEG选项】对话框，可以对图像的品质、基线等进行设置，然后单击【确定】按钮，即可将图像保存为JPG格式，如图1.24所示。

图1.23　选择JPEG格式

图1.24　【JPEG选项】对话框

> **提示**
>
> JPG和JPEG是完全一样的图像格式，一般习惯将JPEG简写为JPG。

（4）保存完成后，使用【打开】命令，打开刚保存的 JPG 格式的图像文件，可以在【图层】面板中看到当前图像只有一个图层，图像效果如图 1.25 所示。

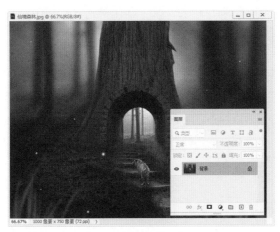

图 1.25　JPG 图像效果

1.2.5　【存储】与【存储为】命令

在【文件】菜单下面有两个命令可以将文件进行存储，分别为【文件】|【存储】和【文件】|【存储为】命令。

当应用【新建】命令，创建一个新的文档并进行编辑后，要将该文档进行保存。这时，应用【存储】和【存储为】命令性质是一样的，都将打开【另存为】对话框，对当前文件进行存储。

当对一个新建的文档保存后，或打开一个图像进行编辑后，再次应用【存储】命令时，不会打开【另存为】对话框，而是直接将原文档覆盖。

如果不想将原文档覆盖，就需要使用【存储为】命令。利用【存储为】命令进行存储，无论是新创建的文件还是打开的图片都可以弹出【另存为】对话框，将编辑后的图像重新命名进行存储即可，【另存为】对话框如图 1.26 所示。

图 1.26　【另存为】对话框

【另存为】对话框中各选项的含义分别如下。

★　【文件名】：可以在其右侧的文本框中，输入要保存文件的名称。

★　【保存类型】：可以从右侧的下拉列表中选择要保存的文件格式。一般默认的保存格式为 PSD 格式。

★　【存储】选项：如果当前文件具有通道、图层、路径、专色或注解，而且在【保存类型】下拉列表框中选择了支持保存这些信息的文件格式时，对话框中的【Alpha 通道】、【图层】、【注释】、【专色】等复选框被激活。【作为副本】复选框可以将编辑的文件作为副本进行存储，从而保留原文件。【注释】复选框用来设置是否将注释保存，勾选该复选框表示保存批注，否则不保存。勾选【Alpha 通道】复选框将 Alpha 通道存储。如果编辑的文件中设置有专色通道，勾选【专色】复选框，将保存该专色通道。如果编辑的文件中，包含多个图层，勾选【图层】复选框，将分层文件进行分层保存。

★ 【缩览图】：为存储的文件创建缩览图。默认情况下，Photoshop 软件自动为其创建。

> **提示**
>
> 如果图像中包含的图层不止一个，或对背景层重命名，必须使用 Photoshop 的 PSD 格式才能保证不会丢失图层信息。如果要在不能识别 Photoshop 文件的应用程序中打开该文件，那么必须将其保存为该应用程序所支持的文件格式。

1.3 拓展训练

本节通过两个课后习题，对 Photoshop 的基础知识加以巩固，以便快速入门，为以后的学习打下坚实的基础。

训练 1-1　认识工具箱

 实例分析

Photoshop 的工具箱集中了几乎所有 Photoshop 的实用工具，在电商应用中具有举足轻重的作用，本例重点训练工具箱的一些常用技巧。

难度：☆
素材文件：无
案例文件：无
视频文件：视频教学＼第1章＼训练1-1　认识工具箱.mp4

 本例知识点

工具箱的使用。

训练 1-2　将 PSD 格式文件存储为 JPG 格式

 实例分析

当完成一件作品或者处理完一幅打开的图像时，需要将完成的图像进行存储，这时就可以应用【存储】命令，存储文件时格式非常关键。下面以实例的形式来练习文件的保存。

难度：☆
素材文件：调用素材＼第1章＼春天主题曲.psd
案例文件：无
视频文件：多媒体教学＼第1章＼训练1-2　将一个 PSD 格式文件存储为 JPG 格式.mp4

 本例知识点

【存储】命令。

第2章
CHAPTER TWO
认识 Photoshop 电商五大核心

🍁 **内容摘要**

　　Photoshop 的五大核心包括抠图、修图、调色、美化及合成，这五大核心组成了 Photoshop 电商装修中的全部重点。对于一般的开店者来说，抠图、修图、调色、美化及合成是必不可少的，这也是必要的准备工作。本章列举了关于这五大核心的主要学习内容及学习方法，不但可以初步了解，同时也方便后期的深入学习。

🍁 **教学目标**

- 了解什么是抠图
- 认识 Photoshop 抠图在电商中的应用
- 了解基础抠图与进阶抠图的区别
- 掌握 Photoshop 在电商中的五大核心学习方法
- 掌握五大核心的学习重点

🍁 **佳作欣赏**

2.1　什么是抠图

　　抠图是指把图片的某一部分从原始图片中分离出来成为单独的图层。抠图的主要功能是为后期的合成做准备。抠图的方法有使用套索工具、选框工具、橡皮擦工具等直接选择，快速蒙版，钢笔勾画路径后转选区，抽出滤镜，外挂滤镜抽出，通道，计算，应用图像法等。具体来讲，抠图指的是将图像中需要的部分从画面中精确地提取出来。抠图是后续图像处理的重要基础，抠图之后可以将元素用在任何地方。常用的抠图软件有 Photoshop 等。

2.2　Photoshop 抠图在电商中的应用

　　抠图在电商中主要用在去除背景或者更换背景方面，比如对于拍摄的一些不太满意的商品照片，需要为其更换一个更加合适的背景，此时可以用抠图软件将商品图像抠取出来，然后与新的背景图相结合即可。抠图在电商中的应用效果如图 2.1 所示。

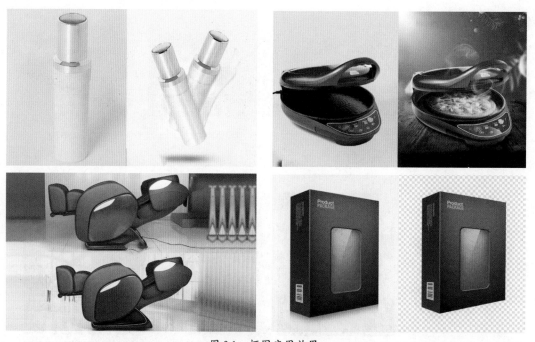

图 2.1　抠图应用效果

2.3　基础抠图与进阶抠图的区别

　　基础抠图通常是指用最简单且有效的工具或者命令将所需的商品图像抠图，比如使用魔棒工具或者直接选择工具或者套索工具等，而进阶抠图则需要多种命令或者工具相结合，并且针对一些复杂的图像进行抠图，比如对毛发类或者透明水杯图像的抠取。

1.　基础抠图的主要用处

　　基础抠图使用基础工具来完成，也是最容易操作的。以下列举了一些基础类抠图的主要工具及用法，简单的抠图效果如图 2.2 所示。

　　★　用魔棒工具对边缘清晰的单一色背景的图像，或者前景色背景色反差较大的图像进行抠图。

　　★　用背景橡皮擦快速抠取纯色图像。

　　★　利用图层混合模式抠取背景色反差较明显的图像。

　　★　利用相同色背景进行抠图。

图 2.2　基础抠图的效果

2.　进阶抠图的主要用处

　　进阶抠图的操作相对比较复杂，主要用于一些复杂图像的抠图。以下列举了一些进阶类抠图的主要命令或者工具及其用法，进阶抠图的效果如图 2.3 所示。

　　★　利用调整边缘对毛绒毛发类图像进行抠图操作。

　　★　利用通道对图像中的发丝类或者线条图像进行抠图操作。

　　★　利用钢笔工具对复杂的不规则边缘商品图像进行精确抠图操作。

　　★　利用计算命令并结合通道对透明类材质图像进行抠图操作。

图 2.3　进阶抠图的效果

图 2.3　进阶抠图的效果（续）

2.4　Photoshop 修图在电商中的应用

　　修图的本质是还原商品本身的颜色，减少光照的色差，以及裁剪合适的构图比例，进一步地美化商品。举例来讲，在衣服类商品中的典型修图是去除多余的皱褶，适当地拉长模特的身型，让衣服显得更修身。而类似具有一些高反光的产品，还要去除多余的反射光，典型的如银饰，把三大面（即亮面、灰面、暗面）重新调整。修图的应用效果如图 2.4 所示。

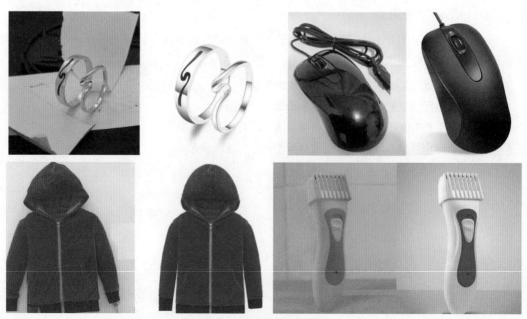

图 2.4　修图的应用效果

当图片中的产品较多的时候,就需要对各个物品的光源方向做调整,对所有的物品都需要重新做明暗处理,颜色也需要做多处调整,很多商品图像不可以直接用,而是需要调色,修正光源方向,以突出物体本身的质感。修图通常用到三种技法:双曲线、中性灰、高低频。双曲线和中性灰在合成中,大都是用来调整物体的明暗关系,双曲线就是在物体的图层上方建立两个曲线调整图层,一个是提高亮度的曲线调整图层,一个是降低亮度的曲线调整图层,然后结合蒙版的使用,给物体重新调整明暗关系;中性灰也是类似的效果,但是需要建立一个 128 灰色的图层,通过图层的混合模式,用画笔的明暗效果来重新调整物体的明暗关系。灰度修图效果如图 2.5 所示。

图 2.5 灰度修图效果

2.5 Photoshop 在电商中的美化作用

店铺商品在拍摄的时候如果角度及反光等效果不是很理想,抠出来的产品图片也不会很美观,如果直接使用,产品销量也不会好,这时候就必须经过专业美工美化。通常在美化时要先调整产品,然后用通道等提取表面的印刷文案,根据原素材的明暗等用手工画出高光及暗部,局部再增加一点细节纹理即可。美化效果如图 2.6 所示。

图 2.6 美化效果

图 2.6　美化效果（续）

2.6　Photoshop 在电商中的简单合成类型

简单合成类型通常是指将简单的图像或者简单易于抠取的图像进行抠取，再与其他图像相结合，同时辅以必要的背景或者装饰图像图案。在简单合成图像中侧重于对简单易处理的图像进行合成，所以简单并且非常容易操作是简单合成类型的一大特点。通常的简单合成类型有：为玩具增加趣味的文字或者小装饰、为模特添加面部眼镜、为服装添加装饰图像或者配饰等。简单合成类型效果如图 2.7 所示。

图 2.7　简单合成类型效果

2.7　Photoshop 在电商中的高级合成类型

与简单合成相对应的高级合成是电商装修过程中相对比较复杂的一种类型，高级合成主要强调的是通过复杂的商品图像与看似毫无关系的图像进行拼合，并通过去除多余部分，添加必要元素，同时强调整体的构图并进行调色等一系列操作，从而完成最终的高级合成图像制作。通过高级合成的图像操作可以使商品图像更有吸引力，给人一种极强的视觉冲击效果。高级合成类型效果如图 2.8 所示。

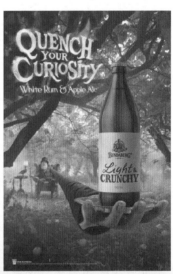

图 2.8　高级合成类型效果

2.8 五大核心的学习方法

PS 电商中的五大核心非常重要，这也是学习电商之道最基本的必经之路。首先需要了解什么是抠图、什么是修图、什么是调色、什么是美化、什么是合成，以及它们之间的关系，通过对这些核心知识点的学习可以将所了解的知识进行融会贯通，并且以最直接的方法进行应用。

1. 学习抠图的基础知识及应用

抠图分为基础抠图及进阶抠图，当然对于初学者来讲，基础抠图是最基本的也是必须要学会的抠图方法。通过对各种简单命令或者工具的使用，将电商中所需要的图像进行抠图或者做更进一步的处理，在学习抠图的过程中需要学会使用套索工具、钢笔工具、图层混合模式、魔棒工具等相应的抠图工具。基础抠图的效果如图 2.9 所示。

图 2.9　基础抠图的效果

2. 学习修图用法及了解用处

在电商店铺装修中，修图作为一个必不可少的环节，主要是将拍摄好的商品图片进行处理、修饰或者调整细节。在整个修图过程中，应该了解如何修图，以及修图中所面临的问题，要知道完美的修图可以为商品增加卖点，从而提升销售量。在学习过程中，需要学会使用仿制图章工具、钢笔工具、画笔工具等一系列相关的工具或者命令。不同的修图效果如图 2.10 所示。

图 2.10　不同的修图效果

3. 学习调色知识及相应技法

调色是必不可少的学习知识，在拍摄好商品图像之后，可以通过调色对商品图像的颜色进行一系列的校正、更换，使商品更加美观，因此学习调色之前首先需要掌握什么是调色及其相应的知识，比如可选颜色、色阶、曲线、色相／饱和度等命令。调色效果如图 2.11 所示。

图 2.11　调色效果

4.　学习美化知识及相应用法

　　电商店铺装修中的美化过程是一种可以为商品增加亮丽卖点的操作，通过对商品的美化，可以使商品更加美观。美化的一般操作为利用添加素材的形式或者利用文字工具为商品图像添加水印、为玩具添加可爱趣味对话、使衣服更加可爱等。美化用法效果如图 2.12 所示。

图 2.12　美化用法效果

5.　学习合成基础知识及技法

　　合成在电商店铺装修中占有很大的比重，在电商广告中，合成技法的表现随处可见，再漂亮的商品也需要出色的合成效果来进一步地使商品图像更加美观，这样一方面能更完整地表现出商品的特征，另一方面也可以提升商品的吸引力。常见的合成图如图 2.13 所示。

图 2.13　常见的合成图

图 2.13 常见的合成图（续）

2.9 五大核心的学习重点

在整个 Photoshop 操作中，始终是围绕五大核心的学习重点进行的，从抠图、修图、调色、美化到合成，一系列操作由浅入深，并不断地作出优化。五大核心的学习过程并不难，关键在于如何正确地看待它，并且以持久的恒心去完成这些核心知识点的实训学习。五大核心的学习实训展示如图 2.14 所示。

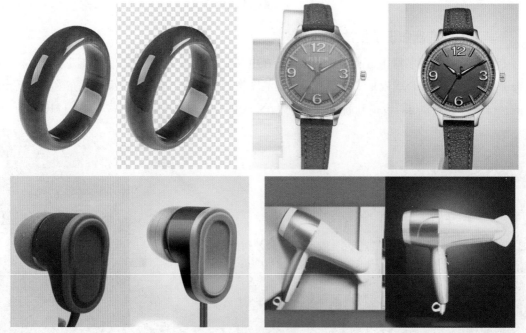

图 2.14 学习实训展示

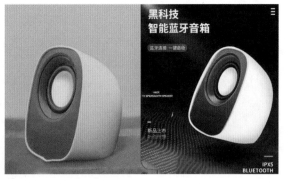

图 2.14　学习实训展示（续）

2.10　拓展训练

本章详细讲解了电商应用的五大核心内容，下面以视频教学的形式列举两个实例，进一步学习电商五大应用核心技能。

训练 2-1　基础抠图与进阶抠图

 实例分析

本例练习基础抠图与进阶抠图的常用工具，了解基础抠图与进阶抠图的使用技巧与区别。

难度：☆	
素材文件：无	
案例文件：无	
视频文件：视频教学＼第 2 章＼训练 2-1　基础抠图与进阶抠图 .mp4	

 本例知识点

基础抠图与进阶抠图。

训练 2-2　美化与合成

 实例分析

美化与合成是电商应用的重点，只有好的美化和合成，才更能突出商品特点。本例重点练习美化与合成的应用。

难度：☆	
素材文件：无	
案例文件：无	
视频文件：视频教学＼第 2 章＼训练 2-2　美化与合成 .mp4	

 本例知识点

美化与合成的应用。

第 3 章
CHAPTER THREE
实用基础抠图技法详解

🍁 **内容摘要**

　　抠图在店铺装修中占有相当大的比重，同时也是处理商品图像必须掌握的一项基础技能。本章通过选取多种网店中常见的商品图像，使用最基本的方法对其进行抠图，从而全面解读基础抠图的常见操作方法。

🍁 **教学目标**

- 了解入门抠图必备工具
- 学习快速抠图的方法
- 学会使用基础抠图技法

🍁 **佳作欣赏**

3.1 入门抠图必备工具

入门抠图主要是指最基本简单的抠图操作，通过入门抠图必备工具的学习可以了解抠图的基础性操作，以下介绍几种简单的基础抠图必备工具。

3.1.1 矩形选框工具

矩形选框工具是最简单快速的抠图工具，它可以直接选取方形的图像，将想要抠取的部分选中，再将不需要的部分删除即可。同时在选区中还可以执行添加至选区、从选区中减去、与选区交叉等操作。矩形选框工具抠图效果如图 3.1 所示。

图 3.1　矩形选框工具抠图效果

3.1.2 椭圆选框工具

椭圆选框工具的抠图过程非常简单，在进行抠图时，直接绘制正圆选区，将想要的部分选中，再将不需要的部分删除即可。利用椭圆选框工具进行抠图具有一定的局限性，一般以抠取圆形图像为主。与矩形选框工具类似，椭圆选框工具也可以执行添加至选区、从选区中减去、与选区交叉等操作。椭圆选框工具抠图效果如图 3.2 所示。

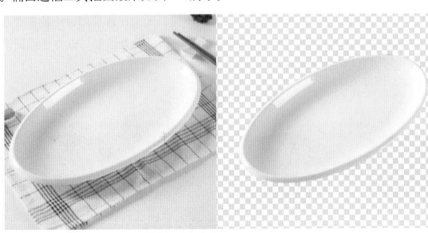

图 3.2　椭圆选框工具抠图效果

3.1.3 魔棒工具

魔棒工具抠图的一大优点就是简单快速，缺点是精度相对较低，多使用于需要抠取的图像周围包含大面积的纯色或者近纯色图像，其使用极方便，设置简单，只需要配合容差值大小的设置即可快速抠取图像。魔棒工具抠图效果如图 3.3 所示。

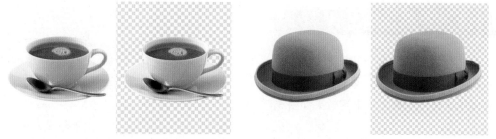

图 3.3　魔棒工具抠图效果

3.1.4 橡皮擦工具

橡皮擦工具能起到擦除的作用，可以直接擦掉不想要的背景或其他画面部分。橡皮擦工具使用方便，选择之后调节画笔大小和硬度即可开始擦除不想要的图像区域。橡皮擦工具抠图效果如图 3.4 所示。

图 3.4　橡皮擦工具抠图效果

3.1.5 背景橡皮擦工具

背景橡皮擦工具可以擦除图像中相似颜色的背景图像，无论在背景图层还是在普通图层中，擦除后的图像区域都会显示为透明，而且背景图层会自动转换为普通图层以方便后期快速地使用或编辑。背景橡皮擦工具抠图效果如图 3.5 所示。

图 3.5　背景橡皮擦工具抠图效果

3.1.6　相似背景

相似背景抠图是最简单的一种抠图方法，它不需要借助任何工具，只需要将具有相同背景的图像放在一起，然后使用一个显示全部的命令即可完成抠图操作。相似背景抠图效果如图 3.6 所示。

图 3.6　相似背景抠图效果

3.1.7　多边形套索工具

当使用套索工具时，定义的选区不是非常准确，容易出现拉动的边缘，可以通过使用多边形套索工具定义直线连接容易控制的选取框。多边形套索工具是最精确的不规则选择工具，可以制作出非常复杂而精确的选择区域。多边形套索工具抠图效果如图 3.7 所示。

图 3.7　多边形套索工具抠图效果

3.1.8　快速选择工具

打开图像并将背景图层转化为普通图层，在画面中按住鼠标左键拖曳，此时色彩相同或相近的区域就形成了选区。快速选择工具抠图效果如图 3.8 所示。

图 3.8　快速选择工具抠图效果

3.1.9　色彩范围

　　如果画面的背景是纯色时，使用【色彩范围】命令即可快速地将想要抠取的区域进行分离。色彩范围抠图效果如图 3.9 所示。

图 3.9　色彩范围抠图效果

3.1.10　钢笔工具

　　钢笔工具的最大优点是可以创建各种精确的直线或者曲线路径，钢笔工具是进行复杂图像抠图的一把利器，由于它的灵活性和极强的可编辑功能，可以抠取几乎所有类型的图像，适用范围极广，但是其操作相对较烦琐，需要对锚点的控制较为熟练，一般在需要抠取的图像与原图像颜色反差较小的时候使用。钢笔工具抠图效果如图 3.10 所示。

图 3.10　钢笔工具抠图效果

3.2　快速抠图的方法

　　想要快速地抠图，最重要的是在拿到图像之后，确定用什么工具或者命令对其进行抠图。比如拿到的图像是一张背景非常干净，主体商品是一只红色杯子，自然会想到用魔棒工具进行抠图或者用背景橡皮擦进行抠图；如果拿到的图像是一幅不规则边缘的玩具图像，那么使用快速选择工具抠图是一种不错的选择。快速抠图效果如图 3.11 所示。

图 3.11　快速抠图效果

3.3　相同背景抠图

📖 实例分析

　　本例讲解相同背景抠图操作，只需要将两个素材图像放入同一个文档中并将多余的图像删除即可，抠图前后对比效果如图 3.12 所示。

难度：☆
素材文件：调用素材 \ 第 3 章 \ 机器人 .jpg、积木 .jpg
案例文件：源文件 \ 第 3 章 \ 相同背景抠图 .psd
视频文件：视频教学 \ 第 3 章 \3.3　相同背景抠图 .mp4

图 3.12　对比效果

STEP 01 执行菜单栏中的【文件】|【打开】命令，选择"机器人 .jpg、积木 .jpg"文件，并将其

打开，再将机器人图像拖入积木图像文档中，将图层名称更改为【图层 1】，如图 3.13 所示。

图 3.13　打开及添加素材

STEP 02 选中【图层 1】图层，将其图层【不透明度】更改为 50%，效果如图 3.14 所示。

图 3.14　更改不透明度

STEP 03 选择工具箱中的【套索工具】，在图像中绘制选区以选中机器人，如图 3.15 所示。

STEP 04 执行菜单栏中的【选择】|【反选】命令，选中【图层 1】图层，按 Delete 键将选区中的图像删除，完成之后按 Ctrl+D 组合键将选区取消，如图 3.16 所示。

图 3.15　绘制选区

图 3.16　删除多余图像

STEP 05 将【图层 1】图层中的【不透明度】更改为 100%，这样就完成了抠图操作，最终效果如图 3.17 所示。

图 3.17　最终效果

3.4　利用矩形选框工具抠取相框

 实例分析

本例讲解利用矩形选框工具抠取相框的操作。通过在素材图像上绘制矩形选区，将想要抠取的图像选取，再将其提取即可完成抠图操作。抠图前后对比效果如图 3.18 所示。

难度：☆
素材文件：调用素材＼第 3 章＼相框.jpg
案例文件：源文件＼第 3 章＼利用矩形选框工具抠取相框.psd
视频文件：视频教学＼第 3 章＼3.4　利用矩形选框工具抠取相框.mp4

图 3.18　对比效果

STEP 01 执行菜单栏中的【文件】|【打开】命令，选择"相框 .jpg"文件，并将其打开。

STEP 02 选择工具箱中的【矩形选框工具】，在相框位置沿其边缘绘制一个矩形选区，如图 3.19 所示。

图 3.19　绘制选区

STEP 03 在选区中单击鼠标右键，在弹出的快捷菜单中选择【变换选区】命令，当出现变换框以后将其适当地旋转及缩放，将相框完全选中，按 Enter 键确认，如图 3.20 所示。

STEP 04 执行菜单栏中的【图层】|【新建】|【通过剪切的图层】命令，将生成一个【图层 1】图层，

将【背景】图层隐藏，这样就完成了抠图操作，最终效果如图 3.21 所示。

图 3.20　变换选区

图 3.21　【图层】面板及最终效果

3.5　利用椭圆选框工具抠取圆钟

 实例分析

　　本例讲解利用椭圆选框工具抠取圆钟的操作，主要用到了椭圆选框工具。通过在素材图像上绘制椭圆选区，将想要抠取的图像选取，再将选区变形之后提取即可完成抠图操作。抠图前后对

比效果如图 3.22 所示。

难度：☆	
素材文件：调用素材＼第 3 章＼圆钟.jpg	
案例文件：源文件＼第 3 章＼利用椭圆选框工具抠取圆钟.psd	
视频文件：视频教学＼第 3 章＼3.5　利用椭圆选框工具抠取圆钟.mp4	

图 3.22　对比效果

STEP 01 执行菜单栏中的【文件】|【打开】命令，选择"圆钟.jpg"文件，并将其打开。

STEP 02 选择工具箱中的【椭圆选框工具】○，在钟表位置绘制一个圆形选区，如图 3.23 所示。

图 3.24　变换选区

STEP 04 执行菜单栏中的【图层】|【新建】|【通过剪切的图层】命令，生成一个【图层 1】图层，将【背景】图层隐藏，这样就完成了抠图操作，最终效果如图 3.25 所示。

图 3.23　绘制选区

STEP 03 在选区中单击鼠标右键，在弹出的快捷菜单中选择【变换选区】命令，当出现变换框以后将其适当地旋转及缩放，将圆钟完全选中，按 Enter 键确认，如图 3.24 所示。

图 3.25　【图层】面板及最终效果

3.6 利用套索工具抠取盆栽

 实例分析

　　本例讲解利用套索工具抠取盆栽，主要是将多余的图像部分删除，即可完成抠图操作。抠图前后对比效果如图 3.26 所示。

难度：☆☆
素材文件：调用素材 \ 第 3 章 \ 花背景 .jpg、多肉 .jpg
案例文件：源文件 \ 第 3 章 \ 利用套索工具抠取盆栽 .psd
视频文件：视频教学 \ 第 3 章 \3.6　利用套索工具抠取盆栽 .mp4

图 3.26　对比效果

STEP 01 执行菜单栏中的【文件】|【打开】命令，选择"花背景 .jpg、多肉 .jpg"文件，并将其打开。

STEP 02 将多肉图像拖入花背景图像文档中，将其图层名称更改为【图层 1】。选中【图层 1】图层，按 Ctrl+T 组合键执行自由变换命令，当出现变形框以后按住 Alt+Shift 组合键将图像等比缩小，完成后按 Enter 键确认，如图 3.27 所示。

图 3.28　更改图层不透明度

STEP 04 选择工具箱中的【套索工具】 ，沿多肉图像边缘绘制一个不规则选区，如图 3.29 所示。

图 3.27　调整素材

STEP 03 在【图层】面板中，选中【图层 1】图层，将其图层的【不透明度】更改为 70%，如图 3.28 所示。

图 3.29　绘制选区

STEP 05 执行菜单栏中的【选择】|【反选】命令，如图 3.30 所示。

图 3.30　将选区反选

图 3.31　更改不透明度

STEP 07 在【图层】面板中，选中【图层 1】图层，将其图层混合模式更改为【正片叠底】，这样就完成了抠图操作，最终效果如图 3.32 所示。

按住 Ctrl+Shift+I 组合键可以快速地执行【反选】命令。

STEP 06 按 Delete 键将选区中的图像删除，完成之后按 Ctrl+D 组合键将选区取消，再将【图层 1】图层中的【不透明度】更改为 100%，如图 3.31 所示。

图 3.32　【图层】面板及最终效果

3.7　利用魔棒工具抠取包包

 实例分析

　　本例讲解利用魔棒工具抠取包包的操作，只需要在不想要的区域单击将其选取，再将选区反选之后即可将想要的图像选中，再将其抠取即可。抠图前后对比效果如图 3.33 所示。

难度: ☆
素材文件: 调用素材＼第 3 章＼包包.jpg
案例文件: 源文件＼第 3 章＼利用魔棒工具抠取包包.psd
视频文件: 视频教学＼第 3 章＼3.7　利用魔棒工具抠取包包.mp4

图 3.33　对比效果

STEP 01 执行菜单栏中的【文件】|【打开】命令，选择"包包 .jpg"文件，并将其打开。

STEP 02 选择工具箱中的【魔棒工具】，在图像中包包之外的区域单击将图像选取，执行菜单栏中的【选择】|【反选】命令，如图 3.34 所示。

图 3.34　选取图像

STEP 03 执行菜单栏中的【图层】|【新建】|【通过剪切的图层】命令，将生成一个【图层 1】图层，将【背景】图层隐藏，如图 3.35 所示。

图 3.35　生成新图层

STEP 04 在图像中包包的手提区域单击，将多余图像选取，按 Delete 键将其删除，这样就完成了抠图操作，最终效果如图 3.36 所示。

图 3.36　最终效果

3.8　利用快速选择工具抠取吉祥物

 实例分析

本例讲解利用快速选择工具抠取吉祥物的操作。本例以吉祥物的边缘为重点，通过多次选取，最终将图像抠出。抠图完成后的对比效果如图 3.37 所示。

难度：☆☆
素材文件：调用素材 \ 第 3 章 \ 吉祥物 .jpg
案例文件：源文件 \ 第 3 章 \ 利用快速选择工具抠取吉祥物 .psd
视频文件：视频教学 \ 第 3 章 \3.8　利用快速选择工具抠取吉祥物 .mp4

图 3.37　对比效果

STEP 01 执行菜单栏中的【文件】|【打开】命令，选择"吉祥物.jpg"文件，并将其打开。

STEP 02 选择工具箱中的【快速选择工具】🖊️，在吉祥物图像背景中单击以选取图像，如图 3.38 所示。

图 3.38　选取背景

STEP 03 在图像中吉祥物之外的区域单击，将图像选取，执行菜单栏中的【选择】|【反选】命令，如图 3.39 所示。

图 3.39　反选

STEP 04 执行菜单栏中的【图层】|【新建】|【通过剪切的图层】命令，将生成一个【图层 1】图层，将【背景】图层隐藏，如图 3.40 所示。

图 3.40　生成新的图层

STEP 05 在图像中的吉祥物区域单击，将多余的图像选取，按 Delete 键将其删除，这样就完成了抠图操作，最终效果如图 3.41 所示。

图 3.41　最终效果

3.9　利用磁性套索工具抠取运动鞋

 实例分析

　　本例讲解利用磁性套索工具抠取运动鞋的操作。本例的抠图与多边形套索工具相似，不同之处在于它是带有磁性的，可以自动吸附在想要抠取的图像边缘，再将图像抠取即可完成抠图操作。抠图完成后的对比效果如图 3.42 所示。

难度：☆☆
素材文件：调用素材＼第 3 章＼运动鞋.jpg
案例文件：源文件＼第 3 章＼利用磁性套索工具抠取运动鞋.psd
视频文件：视频教学＼第 3 章＼3.9　利用磁性套索工具抠取运动鞋.mp4

图 3.42　对比效果

STEP 01 执行菜单栏中的【文件】|【打开】命令，选择"运动鞋 .jpg"文件，并将其打开。

STEP 02 选择工具箱中的【磁性套索工具】 ，在运动鞋边缘位置单击绘制起点，如图 3.43 所示。

图 3.43　确定起点

STEP 03 沿边缘拖动鼠标，选区虚线将自动吸附在图像边缘，这样选区即可创建完成，图像被选取，如图 3.44 所示。

STEP 04 执行菜单栏中的【图层】|【新建】|【通过剪切的图层】命令，将生成一个【图层 1】图层，

将【背景】图层隐藏，这样就完成了抠图操作，最终效果如图 3.45 所示。

图 3.44　选取图像

图 3.45　【图层】面板及最终效果

3.10　利用多边形套索工具抠取文件夹

 实例分析

　　本例讲解利用多边形套索工具抠取文件夹的操作，在绘制选区选取图像时，先确定一个点，再依次确定其他几个点即可将图像选取，再将图像抠取即可完成抠图操作。抠图前后的对比效果如图 3.46 所示。

难度：☆
素材文件：调用素材 \ 第 3 章 \ 文件夹 .jpg
案例文件：源文件 \ 第 3 章 \ 利用多边形套索工具抠取文件夹 .psd
视频文件：视频教学 \ 第 3 章 \3.10　利用多边形套索工具抠取文件夹 .mp4

图 3.46　对比效果

STEP 01 执行菜单栏中的【文件】|【打开】命令，选择"文件夹 .jpg"文件，并将其打开。

STEP 02 选择工具箱中的【多边形套索工具】，在文件夹左上角位置单击绘制起点，在右侧位置再次单击确定第二个点，如图 3.47 所示。

将【背景】图层隐藏，这样就完成了抠图操作，最终效果如图 3.49 所示。

图 3.48　选中文件夹

图 3.47　确定起点

STEP 03 以同样的方法在其他两个角单击，绘制一个选区将文件夹选中，如图 3.48 所示。

STEP 04 执行菜单栏中的【图层】|【新建】|【通过剪切的图层】命令，将生成一个【图层 1】图层，

图 3.49　【图层】面板及最终效果

利用多边形套索工具抠取颜色相近的方钟

🍁 **实例分析**

　　本例讲解利用多边形套索工具抠取颜色相近的方钟，多边形套索工具主要用在颜色相近的图像上。抠图完成后的对比效果如图 3.50 所示。

难度：☆☆
素材文件：调用素材 \ 第 3 章 \ 方钟 .jpg
案例文件：源文件 \ 第 3 章 \ 利用多边形套索工具抠取颜色相近的方钟 .psd
视频文件：视频教学 \ 第 3 章 \3.11　利用多边形套索工具抠取颜色相近的方钟 .mp4

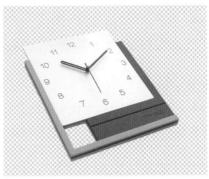

图 3.50　对比效果

STEP 01 执行菜单栏中的【文件】|【打开】命令，选择"方钟.jpg"文件，并将其打开。

STEP 02 选择工具箱中的【多边形套索工具】💦，在方钟左上角位置单击绘制起点，在左侧位置再次单击确定第二个点，如图 3.51 所示。

图 3.51　绘制起点

STEP 03 沿边缘单击将整个方钟选取，如图 3.52 所示。

图 3.52　选取整个方钟

STEP 04 执行菜单栏中的【图层】|【新建】|【通过剪切的图层】命令，将生成一个【图层 1】图层，将【背景】图层隐藏，如图 3.53 所示。

STEP 05 以同样的方法在左下角区域绘制选区将镂空区域选取，如图 3.54 所示。

STEP 06 选中【图层 1】图层，按 Delete 键将选区中的图像删除，完成之后按 Ctrl+D 组合键将选区取消，这样就完成了抠图操作，最终效果如图 3.55 所示。

图 3.53　通过剪切的图层

图 3.54　绘制选区

图 3.55　最终效果

3.12 利用添加到选区抠取电视机

实例分析

本例讲解利用添加到选区功能抠取电视机的操作，主要用到矩形选框工具，通过绘制选区并添加到选区将整个电视机完全选取再进行抠图操作。抠图前后的对比效果如图3.56所示。

难度：☆☆
素材文件：调用素材＼第3章＼电视机.jpg
案例文件：源文件＼第3章＼利用添加到选区抠取电视机.psd
视频文件：视频教学＼第3章＼3.12 利用添加到选区抠取电视机.mp4

图3.56 对比效果

STEP 01 执行菜单栏中的【文件】|【打开】命令，选择"电视机.jpg"文件，并将其打开。

STEP 02 选择工具箱中的【矩形选框工具】，沿其边缘绘制一个矩形选区，如图3.57所示。

STEP 03 单击选项栏中的【添加到选区】图标，将电视机底座部分选取，如图3.58所示。

STEP 04 执行菜单栏中的【图层】|【新建】|【通过剪切的图层】命令，将生成一个【图层1】图层，将【背景】图层隐藏，这样就完成了抠图操作，最终效果如图3.59所示。

图3.57 绘制选区　　　图3.58 添加到选区　　　图3.59 【图层】面板及最终效果

3.13 拓展训练

下面有针对性地安排两个不同工具在抠图中的应用，让读者学习基础抠图的方法，了解抠图的重要性，为进一步提高抠图技巧打下基础。

训练 3-1 使用磁性套索工具抠取抱枕

 实例分析

本例练习使用磁性套索工具抠取抱枕的操作。磁性套索工具的使用方法具有一定的被动性，是一种比较智能化的套索工具，它比较适合抠取具有明显色彩区分的图像。最终效果如图3.60所示。

难度：☆☆
素材文件：调用素材 \ 第 3 章 \ 抱枕 .jpg
案例文件：源文件 \ 第 3 章 \ 使用磁性套索工具抠取抱枕 .psd
视频文件：视频教学 \ 第 3 章 \ 训练 3-1 使用磁性套索工具抠取抱枕 .mp4

步骤分解图如图 3.61 所示。

图 3.60 最终效果 　　　　　　图 3.61 步骤分解图

训练 3-2 利用背景橡皮擦工具抠取棒球帽

实例分析

本例讲解利用背景橡皮擦工具抠取棒球帽的操作，此工具无论在背景图层上还是在普通图层上擦除图像，所擦除过的区域都会显示为透明，它适用于纯色区域图像的抠取。最终效果如图 3.62 所示。

难度：☆☆
素材文件：调用素材 \ 第 3 章 \ 棒球帽 .jpg
案例文件：源文件 \ 第 3 章 \ 利用背景橡皮擦工具抠取棒球帽 .psd
视频文件：视频教学 \ 第 3 章 \ 训练 3-2 利用背景橡皮擦工具抠取棒球帽 .mp4

图 3.62 最终效果

步骤分解图如图 3.63 所示。

图 3.63 步骤分解图

第4章
CHAPTER FOUR
进阶与高级抠图技法详解

🍁 **内容摘要**

　　本章讲解进阶与高级抠图，区别于基础抠图，进阶与高级抠图技法是抠图的一个更高层次，学习难度也相应加大。当掌握基础抠图之后，对于抠图的概念已经有了一个很深的理解，进阶与高级抠图的重点在于各项命令的使用，甚至是各项命令与工具的组合使用，由于某些商品的抠图需要，所以在整个店铺装修中进阶与高级抠图也成为必须掌握的一项技能。通过对本章的学习，可以强化基础抠图中所学习到的知识，同时可以学会更加高级的抠图手法，从而掌握更复杂的抠图操作。

🍁 **教学目标**

- 了解进阶抠图的特点
- 了解进阶抠图与基础抠图的区别
- 学习进阶抠图的常用范围
- 学会进阶与高级抠图技法

🍁 **佳作欣赏**

4.1　进阶抠图的特点

　　进阶抠图主要是相对于基础抠图而言，进阶抠图的重点是如何抠取复杂的商品图像，但是进阶抠图的操作则有些烦琐，它需要利用工具和命令的巧妙结合才能有效地抠取图像。对于复杂的图像，进阶抠图的作用显得非常突出，比如抠取人的毛发、毛绒玩具、液态水等。不同的进阶抠图效果如图 4.1 所示。

图 4.1　不同的进阶抠图效果

4.2　进阶抠图与基础抠图的区别

　　进阶抠图与基础抠图最大的不同之处在于针对抠取的对象不同，同时抠取的操作方面也不相同，进阶抠图主要抠取复杂背景图像以及用基础抠图无法完美抠取的图像。进阶抠图与基础抠图效果对比如图 4.2 所示。

图 4.2　进阶抠图与基础抠图效果对比

基础抠图：

★　主要用于简单基础图像的抠取操作。

★　一般用魔棒工具、套索工具、快速选择工具进行抠图。

★　用于基础的入门学习训练实战。

★　工作效率高，抠图速度快。

进阶抠图：

★ 主要用于复杂图像的抠取操作。

★ 一般用钢笔工具、通道使用、调整边缘命令等进行抠图。

★ 用于高级抠图训练实战。

★ 工作效率较低，抠图速度慢。

4.3 进阶抠图的常用范围

进阶抠图常用于毛发类、复杂边缘类、被抠取对象与背景边缘不清晰等图像的抠图，同时这也是进阶抠图存在的意义，它可以将看似无法分离的图像通过特定的工具或者命令进行组合，将所需要的商品图像或者对象与背景分离再作他用。进阶抠图效果如图 4.3 所示。

图 4.3　进阶抠图效果

4.4 高级抠图的特点

高级抠图相比于基础抠图与进阶抠图，主要针对的是难以抠取的图像，比如想要抠取的对象与背景的颜色或者形状非常相似，而抠取的过程又非常复杂，也正因为这些特点，高级抠图成为一种必不可少的抠图技法。通过对高级抠图进行实训，可以掌握所有基础的抠图操作，以这些作为抠图过程中的必要技法。高级抠图效果如图 4.4 所示。

图 4.4　高级抠图效果

4.5　为什么使用高级抠图

　　使用高级抠图的目的是抠取那些基础抠图和进阶抠图无法抠取的图像，在操作上比较烦琐，比如由于拍摄的光线不佳，又或者是想要出售的商品图像比较奇特，需要对其进行后期的抠图处理以获得店铺可以利用的效果，因此高级抠图的操作就十分有必要了。高级抠图在操作上虽然比较复杂，但是它的效果也是所有抠图类型中最好的，其抠取的边缘十分清晰，同时也更加方便后期使用。高级抠图的应用效果如图 4.5 所示。

图 4.5　高级抠图的应用效果

4.6　利用【从选区中减去】抠取礼盒

 实例分析

　　本例讲解利用【从选区中减去】抠取礼盒，本例的抠图操作首先将礼盒图像选取，再利用【椭圆工具】将不需要的部分从选区中减去以完成抠图操作。抠图前后的对比效果如图 4.6 所示。

难度：☆☆
素材文件：调用素材＼第 4 章＼礼盒 .jpg
案例文件：源文件＼第 4 章＼利用【从选区中减去】抠取礼盒 .psd
视频文件：视频教学＼第 4 章＼4.6　利用【从选区中减去】抠取礼盒 .mp4

图 4.6　对比效果

STEP 01　执行菜单栏中的【文件】|【打开】命令，选择"礼盒 .jpg"文件，并将其打开。

STEP 02　选择工具箱中的【多边形套索工具】，将礼盒选取，如图 4.7 所示。

STEP 03　选择工具箱中的【椭圆选框工具】，单击选项栏中的【从选区中减去】按钮，在礼盒圆孔位置绘制一个正圆选区，如图 4.8 所示。

STEP 04 执行菜单栏中的【图层】|【新建】|【通过剪切的图层】命令，将生成一个【图层 1】图层，将【背景】图层隐藏，这样就完成了抠图操作，最终效果如图 4.9 所示。

图 4.7　选取图像

图 4.8　从选区中减去

图 4.9　【图层】面板及最终效果

4.7　利用快速选择工具结合套索工具抠取月饼

实例分析

本例讲解利用快速选择工具结合套索工具抠取月饼，本例的抠图操作比较简单，利用快速选择工具选取对比明显的月饼图像，再利用套索工具将不需要的部分从选区中减去，即可完成抠图操作。抠图前后的对比效果如图 4.10 所示。

难度：☆☆
素材文件：调用素材 \ 第 4 章 \ 月饼 .jpg
案例文件：源文件 \ 第 4 章 \ 利用快速选择工具结合套索工具抠取月饼 .psd
视频文件：视频教学 \ 第 4 章 \4.7　利用快速选择工具结合套索工具抠取月饼 .mp4

图 4.10　对比效果

STEP 01 执行菜单栏中的【文件】|【打开】命令，选择"月饼 .jpg"文件，并将其打开。

STEP 02 选择工具箱中的【快速选择工具】，在图像中黄色背景区域单击将图像选取，执行菜单栏中的【选择】|【反选】命令，如图 4.11 所示。

图 4.11　选取图像

STEP 03 执行菜单栏中的【图层】|【新建】|【通过剪切的图层】命令，将生成一个【图层1】图层，将【背景】图层隐藏，如图 4.12 所示。

图 4.12 生成新图层

STEP 04 选择工具箱中的【套索工具】☑️，将月饼选取，执行菜单栏中的【选择】|【反选】命令将选区反向选择，如图 4.13 所示。

STEP 05 将除月饼之外的图像删除，完成之后

按 Ctrl+D 组合键将选区取消，这样就完成了抠图操作，最终效果如图 4.14 所示。

图 4.13 选取月饼图像

图 4.14 最终效果

4.8 利用钢笔工具抠取杯子

 实例分析

本例讲解利用钢笔工具抠取杯子，钢笔工具是 Photoshop 中最重要的抠图工具之一，它的功能非常强大，在抠图过程中通常用来绘制路径选取图像，再将路径转换为选区将图像抠取。抠图前后的对比效果如图 4.15 所示。

难度：☆☆☆
素材文件：调用素材＼第 4 章＼杯子.jpg
案例文件：源文件＼第 4 章＼利用钢笔工具抠取杯子.psd
视频文件：视频教学＼第 4 章＼4.8 利用钢笔工具抠取杯子.mp4

图 4.15 对比效果

STEP 01 执行菜单栏中的【文件】|【打开】命令，选择"杯子.jpg"文件，将其打开并拖至画布中。

STEP 02 选择工具箱中的【钢笔工具】 ⌀，在图像中杯子左下角边缘单击确定路径起点，如图4.16所示。

图4.16 确定路径起点

STEP 03 在杯子右侧再次单击并拖动以沿着边缘绘制路径，如图4.17所示。

图4.17 绘制路径

STEP 04 以同样的方法将整个杯子选取，如图4.18所示。

STEP 05 按Ctrl+Enter组合键将路径转换为选区，如图4.19所示。

图4.18 选取整个杯子　　图4.19 转换为选区

STEP 06 执行菜单栏中的【图层】|【新建】|【通过剪切的图层】命令，将生成一个【图层1】图层，将【背景】图层隐藏，如图4.20所示。

图4.20 通过剪切的图层

STEP 07 选择工具箱中的【钢笔工具】 ⌀，以刚才同样的方法在杯把内部位置绘制一个路径，将多余部分的图像选取，如图4.21所示。

STEP 08 按Ctrl+Enter组合键将路径转换为选区，如图4.22所示。

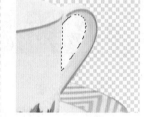

图4.21 绘制路径　　图4.22 转换为选区

STEP 09 按Delete键将选区中的图像删除，完成之后按Ctrl+D组合键将选区取消，这样就完成抠图操作了，最终效果如图4.23所示。

图4.23 最终效果

4.9　利用钢笔工具抠取边缘不清晰的玩偶枕

 实例分析

　　本例讲解利用钢笔工具抠取边缘不清晰的玩偶枕，本例的抠图操作比较简单，主要使用钢笔工具通过绘制路径将边缘不清晰的图像完美、成功地抠取。抠图前后的对比效果如图 4.24 所示。

难度：☆☆☆
素材文件：调用素材 \ 第 4 章 \ 玩偶枕 .jpg
案例文件：源文件 \ 第 4 章 \ 利用钢笔工具抠取边缘不清晰的玩偶枕 .psd
视频文件：视频教学 \ 第 4 章 \4.9　利用钢笔工具抠取边缘不清晰的玩偶枕 .mp4

图 4.24　对比效果

STEP 01 执行菜单栏中的【文件】|【打开】命令，选择"玩偶枕 .jpg"文件，并将其打开。

STEP 02 选择工具箱中的【钢笔工具】，在图像中玩偶头部位置边缘单击绘制路径起点，如图 4.25 所示。

STEP 03 在右侧再次单击并拖动以沿着边缘绘制路径，如图 4.26 所示。

STEP 04 以同样的方法将整个玩偶枕选取，如图 4.7 所示。

 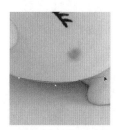 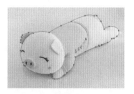

图 4.25　确定路径起点　　图 4.26　绘制路径　　图 4.27　选取整个玩偶枕

STEP 05 按 Ctrl+Enter 组合键将路径转换为选区，如图 4.28 所示。

STEP 06 执行菜单栏中的【图层】|【新建】|【通过剪切的图层】命令，将生成一个【图层 1】图层，将【背景】图层隐藏，这样就完成了抠图操作，最终效果如图 4.29 所示。

图 4.28　转换为选区　　图 4.29　【图层】面板及最终效果

4.10 利用魔术橡皮擦工具抠取靠枕

 实例分析

本例讲解利用魔术橡皮擦工具抠取靠枕，本例的抠图过程非常简单，它与魔棒工具有些相似，不同之处在于，它是对不需要的部分直接擦除，而不是创建选区，因此对于有些图像抠取来讲会更加快捷。抠图前后的对比效果如图 4.30 所示。

难度：☆
素材文件：调用素材＼第 4 章＼靠枕.jpg
案例文件：源文件＼第 4 章＼利用魔术橡皮擦工具抠取靠枕.psd
视频文件：视频教学＼第 4 章＼4.10　利用魔术橡皮擦工具抠取靠枕.mp4

图 4.30　对比效果

STEP 01 执行菜单栏中的【文件】|【打开】命令，选择"靠枕.jpg"文件，并将其打开。

STEP 02 选择工具箱中的【魔术橡皮擦工具】，在靠枕之后的区域单击，即可将大部分不需要的部分擦除，这样就完成了抠图操作，最终效果如图 4.31 所示。

图 4.31　最终效果

4.11 利用背景橡皮擦工具抠取皮包

 实例分析

本例讲解用背景橡皮擦工具抠取皮包，背景橡皮擦除画笔外形外，中间还有一个十字叉，擦物体边缘的时候，即便画笔覆盖了物体及背景，但只要十字叉是在背景的颜色上，那也只有背景会被删除，物体不会被删除。抠图完成后的对比效果如图 4.32 所示。

难度：☆
素材文件：调用素材＼第 4 章＼皮包.jpg
案例文件：源文件＼第 4 章＼利用背景橡皮擦工具抠取皮包.psd
视频文件：视频教学＼第 4 章＼4.11　利用背景橡皮擦工具抠取皮包.mp4

图 4.32　对比效果

STEP 01 执行菜单栏中的【文件】|【打开】命令，选择"皮包 .jpg"文件，并将其打开。

STEP 02 选择工具箱中的【背景橡皮擦工具】，将笔触【大小】更改为 50 像素，【硬度】更改为 100%，将【限制】更改为【查找边缘】，【容差】更改为 30%，如图 4.33 所示。

STEP 03 在图像中背景区域涂抹，将其擦除，如图 4.34 所示。

图 4.35　选取图像

图 4.36　最终效果

图 4.33　设置参数　　图 4.34　擦除背景

STEP 04 选择工具箱中的【套索工具】，将皮包选取，执行菜单栏中的【选择】|【反选】命令，将选区反向选择，如图 4.35 所示。

STEP 05 按 Delete 键将选区中的图像删除，完成之后按 Ctrl+D 组合键将选区取消，这样就完成了抠图操作，最终效果如图 4.36 所示。

> **技巧**
> 为了使擦除效果更加自然，可在擦除的过程中不断更改笔触的大小。

> **提示**
> 在使用【取样：背景色板】功能时，所擦除的图像为背景色容差内的图像，背景色的颜色设置会影响擦除效果。

4.12　利用图层混合模式抠取粉饼

 实例分析

本例讲解利用图层混合模式抠取粉饼，主要用到了图层混合模式，将素材图像与背景图像相结合，即可完成抠图操作。抠图前后的对比效果如图 4.37 所示。

难度：☆
素材文件：调用素材＼第 4 章＼粉饼 .jpg、背景 .jpg
案例文件：源文件＼第 4 章＼利用图层混合模式抠取粉饼 .psd
视频文件：视频教学＼第 4 章＼4.12　利用图层混合模式抠取粉饼 .mp4

图 4.37　对比效果

STEP 01 执行菜单栏中的【文件】|【打开】命令，选择"粉饼 .jpg、背景 .jpg"文件，并将其打开。

STEP 02 将打开的粉饼素材拖入背景文件适当的位置如图 4.38 所示，粉饼所在的图层名称将更改为【图层 1】。

合键将图像等比缩小，完成之后按 Enter 键确认，这样就完成了抠图操作，最终效果如图 4.40 所示。

图 4.38　打开及添加素材

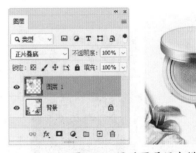

图 4.39　更改图层混合模式

STEP 03 在【图层】面板中，选中【图层 1】图层，将其图层混合模式更改为【正片叠底】，如图 4.39 所示。

STEP 04 按 Ctrl+T 组合键对粉饼执行自由变换命令，当出现变形框以后按住 Alt+Shift 组

图 4.40　最终效果

4.13　利用自由钢笔工具抠取鼠标

 实例分析

本例讲解利用自由钢笔工具抠取鼠标，自由钢笔工具是 Photoshop 中最重要的抠图工具之一，它的功能非常强大，与磁性套索工具非常相似，它在抠图过程中通过绘制磁性路径选取图像，再将路径转换为选区将图像抠取即可。抠图完成后的对比效果如图 4.41 所示。

难度：☆☆☆
素材文件：调用素材 \ 第 4 章 \ 鼠标.jpg
案例文件：源文件 \ 第 4 章 \ 利用自由钢笔工具抠取鼠标.psd
视频文件：视频教学 \ 第 4 章 \4.13　利用自由钢笔工具抠取鼠标.mp4

图 4.41　对比效果

STEP 01 执行菜单栏中的【文件】|【打开】命令，选择"鼠标.jpg"文件，并将其打开。

STEP 02 选择工具箱中的【自由钢笔工具】 ，确认选项中的【选择工具模式】为【路径】，勾选【磁性的】复选框，沿鼠标边缘移动鼠标，此时路径将自动吸附在图像边缘，如图 4.42 所示。

图 4.42　选取图像

STEP 03 选择工具箱中的【直接选择工具】 ，拖动部分锚点将路径与图像边缘重合，如图 4.43 所示。

图 4.43　调整锚点

STEP 04 按 Ctrl+Enter 组合键将路径转换为选区，如图 4.44 所示。

图 4.44　转换为选区

STEP 05 执行菜单栏中的【图层】|【新建】|【通过拷贝的图层】命令，此时将生成一个【图层 1】图层，单击【背景】图层名称前方的【指示图层可见性】图标 ，将其隐藏，这样就完成了抠图操作，最终效果如图 4.45 所示。

图 4.45　【图层】面板及最终效果

提示

在选项栏中单击 图标，在弹出的面板中更改频率值大小可以调整笔触吸附的频率，频率值越高越精细，同时锚点也越多，对于边缘比较清晰的图像可以适当地降低频率值，从而减少锚点的生成，以便调整路径。

4.14 利用色彩范围抠取手机壳

实例分析

本例讲解利用色彩范围抠取手机壳，【色彩范围】命令抠图具有十分明确的针对性，以抠取颜色反差较大的商品为主，其抠图过程比较简单。抠图完成后的对比效果如图 4.46 所示。

难度：☆☆	
素材文件：调用素材＼第 4 章＼手机壳.jpg	
案例文件：源文件＼第 4 章＼利用色彩范围抠取手机壳.psd	
视频文件：视频教学＼第 4 章＼4.14 利用色彩范围抠取手机壳.mp4	

图 4.46　对比效果

STEP 01 执行菜单栏中的【文件】|【打开】命令，选择"手机壳.jpg"文件，并将其打开。

STEP 02 执行菜单栏中的【选择】|【色彩范围】命令，在弹出的【色彩范围】对话框中将【颜色容差】更改为 200，完成后单击【确定】按钮，如图 4.47 所示。

STEP 03 设置色彩范围完成之后单击【确定】按钮，创建选区，如图 4.48 所示。

> **提示**
>
> 可以单击【从取样中减去】✒图标，在图像中单击想要减去的部分。

STEP 04 执行菜单栏中的【图层】|【新建】|【通过拷贝的图层】命令，此时将生成一个【图层 1】图层。

STEP 05 将【背景】图层隐藏，这样就完成了抠图操作，最终效果如图 4.49 所示。

图 4.47　设置色彩范围　　图 4.48　创建选区

图 4.49　【图层】面板及最终效果

4.15　利用通道抠取马夹

🍁 实例分析

本例讲解利用通道抠取马夹，通道抠图是常用的抠图方法之一，它的抠取功能十分精确，虽然抠图过程相对有些麻烦，但最终效果十分出色。抠图前后的对比效果如图 4.50 所示。

难度：☆☆☆☆
素材文件：调用素材 \ 第 4 章 \ 马夹 .jpg
案例文件：源文件 \ 第 4 章 \ 利用通道抠取马夹 .psd
视频文件：视频教学 \ 第 4 章 \4.15　利用通道抠取马夹 .mp4

图 4.50　对比效果

STEP 01 执行菜单栏中的【文件】|【打开】命令，选择"马夹 .jpg"文件，并将其打开。

STEP 02 在【通道】面板中，选中【绿】通道，将其拖曳至面板底部的【创建新图层】按钮⊞上，复制一个【绿 拷贝】通道，如图 4.51 所示。

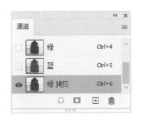

图 4.51　复制通道

 提示

　　在复制通道之前需要单击每个通道的名称，分别观察通道实际的黑白对比效果，黑白对比明显的通道抠取效果更加完美。

STEP 03 执行菜单栏中的【图像】|【调整】|【色阶】命令，在弹出的对话框中将其数值更改为（73，0.85，187），完成后单击【确定】按钮，

如图 4.52 所示。

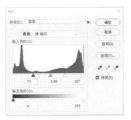 

图 4.52　调整色阶参数

STEP 04 选择工具箱中的【画笔工具】🖌️，在画布中单击鼠标右键，在弹出的面板中选择一种圆角笔触，将【大小】更改为 100 像素，将【硬度】更改为 100%，如图 4.53 所示。

图 4.53　设置笔触参数

STEP 05 将前景色更改为白色，在衣服以外的位置单击数次将其变为白色，如图 4.54 所示。

图 4.54　更改颜色

STEP 06 按住 Ctrl 键单击【绿 拷贝】通道，缩览图将其载入选区，如图 4.55 所示。

STEP 07 选中 RGB 通道，执行菜单栏中的【选择】|【反向】命令，如图 4.56 所示。

STEP 08 执行菜单栏中的【图层】|【新建】|【通过拷贝的图层】命令，此时将生成一个【图层

1】图层，将【背景】图层隐藏，这样就完成了抠图操作，最终效果如图 4.57 所示。

图 4.55　载入选区

图 4.56　将选区反选

图 4.57　【图层】面板及最终效果

4.16　利用渐变映射抠取模特长发

 实例分析

本例讲解利用渐变映射抠取模特长发，这种方法抠图通常与通道相组合使用，适用于带有毛发类图像的抠取。抠图前后的对比效果如图 4.58 所示。

难度：☆☆☆☆
素材文件：调用素材 \ 第 4 章 \ 模特 .jpg
案例文件：源文件 \ 第 4 章 \ 利用渐变映射抠取模特长发 .psd
视频文件：视频教学 \ 第 4 章 \4.16　利用渐变映射抠取模特长发 .mp4

图 4.58　对比效果

STEP 01 执行菜单栏中的【文件】|【打开】命令，选择"模特 .jpg"文件，并将其打开。

STEP 02 单击【图层】面板底部的【创建新的填充或调整图层】按钮 ◐，在弹出的菜单中选择【渐变映射】命令，在弹出的面板中将【渐变】更改为红色（R：210，G：22，B：30）到黑色，如图 4.59 所示。

图 4.59　设置渐变映射

STEP 03 在【通道】面板中选中【红】通道，将其拖动至面板下方的【创建新通道】⊞按钮上，将其复制为一个新的通道——【红 拷贝】通道，如图 4.60 所示。

图 4.60　复制通道

STEP 04 执行菜单栏中的【图像】|【调整】|【色阶】命令，在弹出的【色阶】对话框中将其数值更改为（114，1.5，164），完成后单击【确定】按钮，如图 4.61 所示。

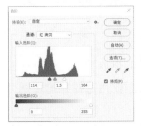

图 4.61　设置色阶

STEP 05 选择工具箱中的【画笔工具】 ✎，在画布中单击鼠标右键，在弹出的面板中选择

一种圆角笔触，将【大小】更改为50 像素，将【硬度】更改为 100%，如图 4.62 所示。

图 4.62　设置笔触

STEP 06 将前景色更改为白色，在人物除头发外的区域进行涂抹，如图 4.63 所示。

图 4.63　涂抹图像

STEP 07 在【通道】面板中，按住 Ctrl 键单击【红拷贝】通道，将其载入选区，如图 4.64 所示。

图 4.64　载入选区

STEP 08 将【渐变映射 1】图层删除，选中【背景】图层，执行菜单栏中的【图层】|【新建】|【通过拷贝的图层】命令，将【背景】图层隐藏即可观察抠取头发区域的图像效果，此时将生成一个【图层 1】图层，如图 4.65 所示。

图 4.65　生成【图层 1】图层

执行【通过拷贝的图层】命令之后可以暂时将【背景】图层隐藏以观察抠取的区域。

STEP 09 选择工具箱中的【自由钢笔工具】，在选项栏中勾选【磁性的】复选框，沿人物身体边缘绘制路径。

STEP 10 选择工具箱中的【直接选择工具】，拖动锚点调整路径，如图 4.66 所示。

图 4.66　绘制并调整路径

STEP 11 按 Ctrl+Enter 组合键将路径转换为选区，如图 4.67 所示。

STEP 12 选中【背景】图层，执行菜单栏中的【图层】|【新建】|【通过拷贝的图层】命令，此时将生成一个【图层 2】图层，如图 4.68 所示。

图 4.67　转换选区　图 4.68　生成【图层 2】图层

STEP 13 将【背景】图层隐藏，同时选中【图层 1】及【图层 2】图层，按 Ctrl+E 组合键将其合并，这样就完成了抠图操作，最终效果如图 4.69 所示。

图 4.69　最终效果

4.17　利用选择并遮住抠取线条围巾

 实例分析

本例讲解利用选择并遮住抠取线条围巾，选择并遮住对于线条类图像的抠取功能是十分强大的，由于线条的密集使用其他工具并不能准确地将线条边缘准确地抠取，而使用选择并遮住则可以完美地解决这一难题。抠图前后的对比效果如图 4.70 所示。

难度：☆☆☆☆
素材文件：调用素材 \ 第 4 章 \ 围巾 .jpg
案例文件：源文件 \ 第 4 章 \ 利用选择并遮住抠取线条围巾 .psd
视频文件 \ 视频教学 \ 第 4 章 \4.17　利用选择并遮住抠取线条围巾 .mp4

图 4.70　对比效果

STEP 01 执行菜单栏中的【文件】|【打开】命令，选择"围巾.jpg"文件，并将其打开。

STEP 02 选择工具箱中的【魔棒工具】 ，在图像中白色区域单击将其选取，如图 4.71 所示。

图 4.71　选取图像

STEP 03 执行菜单栏中的【选择并遮住】命令，在弹出的【属性】面板中将【视图】更改为黑白，勾选【高品质预览】复选框，将【半径】更改为 100，将【对比度】更改为 52%，将【移动边缘】更改为 50%，完成之后单击【确定】按钮，执行菜单栏中的【选择】|【反选】命令将选区反向选择。

STEP 04 执行菜单栏中的【图层】|【新建】|【通过拷贝的图层】命令，此时将生成一个【图层 1】图层。

STEP 05 将【背景】图层隐藏，可以看到将围巾抠取出来的效果，如图 4.72 所示。

STEP 06 选择工具箱中的【钢笔工具】 ，在围巾除线条之外的区域绘制路径，如图 4.73 所示，按 Ctrl+Enter 组合键将路径转换为选区。

STEP 07 执行菜单栏中的【图层】|【新建】|【通

过拷贝的图层】命令，此时将生成一个【图层 2】图层，如图 4.74 所示。

图 4.72　抠取围巾效果

图 4.73　绘制路径　图 4.74　生成【图层 2】图层

STEP 08 同时选中【图层 1】图层和【图层 2】图层，按 Ctrl+E 组合键将其合并。

STEP 09 将【背景】图层隐藏，这样就完成了抠图操作，最终效果如图 4.75 所示。

图 4.75　【图层】面板及最终效果

4.18 利用图层样式抠取太阳镜

 实例分析

本例讲解利用图层样式抠取太阳镜，太阳镜的抠取稍微有些烦琐，它需要将镜片的不透明度表现出来，所以在抠图过程中可以单独对镜片进行处理以达到抠出透明的效果。抠图前后的对比效果如图 4.76 所示。

难度：☆☆☆
素材文件：调用素材 \ 第 4 章 \ 太阳镜 . jpg
案例文件：源文件 \ 第 4 章 \ 利用图层样式抠取太阳镜 . psd
视频文件：视频教学 \ 第 4 章 \4.18　利用图层样式抠取太阳镜 . mp4

图 4.76　对比效果

STEP 01 执行菜单栏中的【文件】|【打开】命令，选择"太阳镜 .jpg"文件，并将其打开。

STEP 02 选择工具箱中的【魔棒工具】 ，在图像中白色区域处单击以创建选区，如图 4.77 所示。

图 4.77　创建选区

STEP 03 按 Ctrl+Shift+I 组合键将选区反选，如图 4.78 所示。

STEP 04 执行菜单栏中的【图层】|【新建】|【通过拷贝的图层】命令，此时将生成一个【图层 1】图层，单击【背景】图层名称前方的【指示图层可见性】图标 ，将其隐藏，如图 4.79 所示。

图 4.78　将选区反选　图 4.79　生成【图层 1】图层

STEP 05 选择工具箱中的【魔棒工具】 ，在左侧眼镜片上单击将部分图像选中，再按住 Shift 键在右侧眼镜片上单击将其选取，如图 4.80 所示。

图 4.80　创建选区选中图像

STEP 06 选中【图层 1】图层，执行菜单栏中

的【图层】|【新建】|【通过剪切的图层】命令，此时将生成一个【图层 2】图层，如图 4.81 所示。

图 4.81 生成【图层 2】图层

按 Ctrl+Shift+J 组合键可快速执行【通过剪切的图层】命令。

STEP 07 在【图层】面板中，选中【图层 2】图层，单击面板底部的【添加图层样式】图标 fx，弹出【图层样式】对话框，勾选【描边】复选框，将【大小】更改为 2，将【颜色】更改为黑色，完成之后单击【确定】按钮，如图 4.82 所示。

由于执行【通过剪切的图层】命令之后，生成的新图层中图像边缘与原图像会产生一定的像素差，此时可以通过添加锚点的方式弥补。

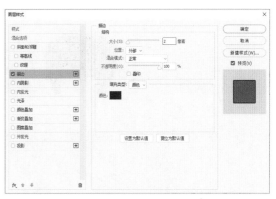

图 4.82 设置描边

STEP 08 在【图层】面板中，选中【图层2】图层，将其图层【填充】更改为 80%，再同时选中【图层 2】及【图层 1】图层，将其合并，这样就完成了抠图操作，最终效果如图 4.83 所示。

图 4.83 最终效果

4.19 利用选择并遮住抠取假发

 实例分析

本例讲解利用选择并遮住抠取假发，选择并遮住是一个功能非常强大的抠图命令，它可以将毛发类图像与背景完美分离。抠图前后对比效果如图 4.84 所示。

难度：☆☆☆☆
素材文件：调用素材 \ 第 4 章 \ 假发 .jpg
案例文件：源文件 \ 第 4 章 \ 利用选择并遮住抠取假发 .psd
视频文件：视频教学 \ 第 4 章 \4.19 利用选择并遮住抠取假发 .mp4

图 4.84　对比效果

STEP 01 执行菜单栏中的【文件】|【打开】命令，选择"假发 .jpg"文件，并将其打开。

STEP 02 选择工具箱中的【魔棒工具】，在图像中白色区域处单击将背景选取，执行菜单栏中的【选择】|【反选】命令，选取假发，如图 4.85 所示。

图 4.85　选取图像

STEP 03 执行菜单栏中的【选择并遮住】命令，在弹出的【属性】面板中将【视图】更改为黑白，勾选【高品质预览】复选框，将【半径】更改为 95，将【对比度】更改为 35%，将【移动边缘】更改为 −15%，完成之后单击【确定】按钮，如图 4.86 所示。

图 4.86　将选区反选

STEP 04 执行菜单栏中的【图层】|【新建】|【通过拷贝的图层】命令，此时将生成一个【图层 1】图层。

STEP 05 将【背景】图层隐藏，可以看到将假发抠取出来的效果，如图 4.87 所示。

图 4.87　【图层】面板及抠取假发效果

STEP 06 选择工具箱中的【钢笔工具】，在假人除头发之外的区域绘制路径，按 Ctrl+Enter 组合键将路径转换为选区，如图 4.88 所示。

图 4.88　将路径转换为选区

STEP 07 执行菜单栏中的【图层】|【新建】|【通过拷贝的图层】命令，此时将生成一个【图层 2】图层，再同时选中【图层 2】及【图层 1】图层，将其合并。

STEP 08 将【背景】图层隐藏，这样就完成了抠图操作，最终效果如图 4.89 所示。

提示

　　假如无法找到【选择并遮住】属性对话框，在选项栏中将工具复位即可。

图 4.89　【图层】面板及最终效果

4.20　拓展训练

　　本章课后通过三个简单的实例，向读者展示复杂图像的抠图技巧，读者要细心学习，掌握不同类型图像的抠图技巧。

训练 4-1　使用通道抠取玻璃瓶

实例分析

　　本例练习使用通道抠取玻璃瓶，整个实例的制作过程有些复杂，需要对每个步骤进行详细的解读，同时牵涉到两种组合抠图工具及命令的使用方法，需要掌握抠图方法的多种变换形式。最终效果如图 4.90 所示。

难度：☆☆☆
素材文件：调用素材\第 4 章\玻璃瓶.jpg
案例文件：源文件\第 4 章\使用通道抠取玻璃瓶.psd
视频文件：视频教学\第 4 章\训练4-1　使用通道抠取玻璃瓶.mp4

　　步骤分解图如图 4.91 所示。

图 4.90　最终效果

图 4.91　步骤分解图

训练 4-2 抠取眼镜并制作透明效果

 实例分析

本例练习抠取眼镜，眼镜的抠取稍微有些
烦琐，需要将镜片的不透明度表现出来，在抠
图过程中可以单独对镜片进行处理以达到透明
的效果。最终效果如图 4.92 所示。

图 4.92　最终效果

难度： ☆☆☆
素材文件：调用素材 \ 第 4 章 \ 眼镜 .jpg
案例文件：源文件 \ 第 4 章 \ 抠取眼镜并制作透明效果 .psd
视频文件：视频教学 \ 第 4 章 \ 训练4-2　抠取眼镜并制作透明效果 .mp4

步骤分解如图 4.93 所示。

图 4.93　步骤分解图

训练 4-3 使用【扩大选取】命令抠取包包

 实例分析

本例练习使用【扩大选取】命令抠取包包，
此命令一般与【魔棒工具】配合使用，它的主
要功能是将未选中的图像区域加选至选区。最
终效果如图 4.94 所示。

图 4.94　最终效果

难度： ☆☆
素材文件：调用素材 \ 第 4 章 \ 双色包包 .jpg
案例文件：源文件 \ 第 4 章 \ 使用【扩大选取】命令抠取包包 .psd
视频文件：视频教学 \ 第 4 章 \ 训练4-3　使用【扩大选取】命令抠取包包 .mp4

步骤分解图如图 4.95 所示。

图 4.95　步骤分解图

第5章
CHAPTER FIVE
店铺商品修图技法解密

🍁 **内容摘要**

 本章主要介绍商品修图技法。商品修图通常是针对一些商品图像进行处理，比如微小的瑕疵、拍摄的商品图像不够完美，以及一些简单的去除或者修复操作。在本章的学习过程中可以认识到商品修图的重要性，通过对本章的学习可以掌握大部分商品的基础修图技法，从而自信地面对修图工作。

🍁 **教学目标**

● 了解修图在电商中的作用
● 学习如何快速修图
● 了解修图的使用范围
● 学会使用修图的常用工具
● 掌握商品修图的常用技法

🍁 **佳作欣赏**

5.1　修图在电商中的作用

　　修图即修改图片，将商品图片进行一定的处理修调，从而达到需要的效果。随着消费者审美水平的提高，人们对修图的要求也随之提高，电商行业的快速发展，使商品后期修图行业迎来了春天，有电商的地方就有修图师。电商修图不但要求速度，质量也同样不可忽视，因此电商修图要做到唯快不落、唯稳不错。

　　修图作为电商店铺装修中非常重要的一个环节，主要起到完善商品细节的作用，通常一个商品经过拍摄可能会留下瑕疵，这时候的修图操作就显得很重要了。修图作为电商中非常重要的一环，需要对其重视起来，比如说在拍摄杯子或者玻璃质感瓶子的图像时，由于光线等原因，其原有的质感并没有出现，这时候就需要通过修图进行手动添加，拍摄手机图像时，由于底部的反光，可以对其进行真实倒影的添加，同样类似的还有为戒指添加质感等，这些都离不开修图操作。在电商店铺装修中修图不是必需的，但是经过修图，商品图像会更加完美，从而增强对顾客的吸引力，提升商品的销量。

　　常见电商修图效果如图 5.1 所示。

图 5.1　常见的电商修图效果

5.2　如何快速修图

　　修图的操作本身并不难，关键在于如何使用正确的方法对其进行修图操作，比如在拍摄完成一个杯子图像时，自然会想到可以为其添加什么样的元素，通过添加这样的元素是不是使杯子的卖相更佳，同时带给人一种愉悦的视觉欣赏效果。通过快速修图既可提升工作效率，也使得商品的销量得到提升。快速修图效果如图 5.2 所示。

快速修图的原则如下。

★　打开图像观察商品图像的整体视觉效果。

★　发现商品上的一些瑕疵，比如高光、阴影、质感等。

★　当确定缺少某一元素时，可以使用命令或者辅助图形图像为其添加相应的元素以提升商品的卖相及其本身的视觉吸引力。

图 5.2　快速修图效果

5.3　修图的使用范围

　　修图通常用在美化商品的过程中，比如为化妆品瓶子添加高光、为手机制作真实倒影、为杯子制作高光边缘等，在这个修图的范围中，可以找到适合修图的操作方法以及使用的类型等，针对修图的特点，可以推断出修图是一种简单的基本操作，它的使用范围也是比较广泛的，通过对这些使用范围的了解及认识可以在拿到商品图像时就能很容易判断出该怎么用或者是如何使用，一个具备娴熟修图技巧的设计师，就像产品的"美容师"，能够最大限度地凸显产品的优势和特色，有效地提升海报的点击率和转化率。在开始对产品图进行精修之前，需要知道玻璃、金属、塑料等不同材质对光的反射、折射的区别，不同的材质渲染以及通过去掉原图产品表面的杂色表现出更多细节。总体来说，需要对产品的光影、产品结构以及产品材质三大方面进行精修。修图的使用范围效果如图 5.3 所示。

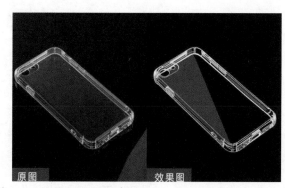

图 5.3　修图的使用范围效果

图 5.3　修图的使用范围效果（续）

1. 先分析再修图

拿到产品后要先观察产品的形体、结构之间的转折，以及分析材质、反射之间的影响，观察之后再来解决修图问题。不同分析效果的修图如图 5.4 所示。

图 5.4　修图效果

2. 确定材质

拿到图像以后需要确定对象的材质，一般来讲，玻璃材质表现出光的传透与折射，两边重叠明暗较重，特别是边缘，包括透明的水滴、冰块也是如此；金属材质则是反射强烈，从重色到浅色过渡距离短，明暗反差大；塑料材质则光源模糊，明暗过渡均匀，反射小。塑料材质和金属材质的修图效果如图 5.5 所示。

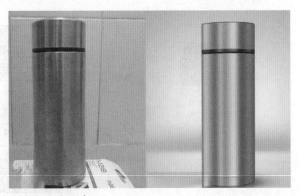

图 5.5　不同材质的修图效果对比

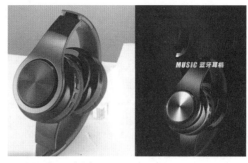

图 5.5　不同材质的修图效果对比（续）

3. 菲涅尔反射

三维软件渲染的时候也有菲涅尔反射。菲涅尔反射是指当光到达材质交界面时，一部分光被反射，另一部分光发生折射，即当视线垂直于表面时，反射较弱，而当视线非垂直于表面时，夹角越小，反射越明显，特别是物体的暗部。所有的物体都有菲涅尔反射，只是强度大小不同。菲涅尔反射效果如图 5.6 所示。

图 5.6　菲涅尔反射效果

4. 环境色

要做出一幅和谐的产品合成图，就应当考虑环境色的影响。物体表面受到光照后，除吸收一定的光外，也能将光反射到周围的物体上。尤其是光滑的材质具有强烈的反射作用。环境色的存在和变化，加强了画面相互之间的色彩呼应和联系，能够微妙地表现出物体的质感。环境色对修图的影响如图 5.7 所示。

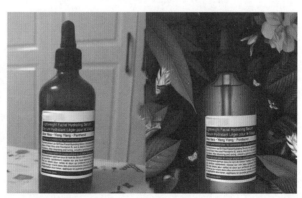

图 5.7　环境色对修图的影响

5.4 商品修图的常用工具

没有专业的摄影师，拍出来的照片总是不尽如人意，但是设计的时候又需要用到美美的图片，如何简单地修饰出有质感的图片呢？这就需要掌握一些修图过程中必备的工具了。常用的修图工具和命令包括仿制图章工具、污点修复画笔工具、修补工具和内容识别等。

1. 仿制图章工具

仿制图章工具使用方便，它能够按涂抹的范围复制全部或者部分图像到一个新的图像中。使用时，在工具箱中选择仿制图章工具，然后把鼠标放到要被复制的图像的窗口上，这时鼠标将显示一个图章的形状，按住 Alt 键，单击一下鼠标进行定点选样，这样复制的图像就会被保存到剪贴板中。仿制图章工具去除文字效果如图 5.8 所示。

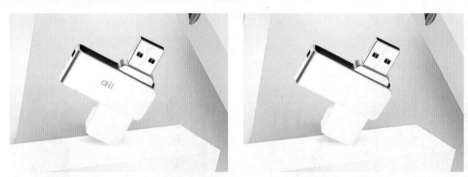

图 5.8　仿制图章工具去除文字效果

2. 污点修复画笔工具

污点修复画笔工具是 Photoshop 中处理照片常用的工具之一。利用污点修复画笔工具可以快速移去照片中的污点和其他不理想的部分。在使用污点修复画笔工具时，不需要定义原点，只需要确定需要修复的图像位置，调整好画笔大小，移动鼠标就会在确定需要修复的位置自动匹配。该工具在实际应用中比较实用，而且在操作时也简单。污点修复画笔工具去除污点效果如图 5.9 所示。

图 5.9　去除污点效果

3. 修补工具

修补工具主要用于修改有明显裂痕或污点等有缺陷或者需要更改的图像。选择需要修复的选区，拉取需要修复的选区拖曳到附近完好的区域方可实现修补。修补工具用于修复照片的话可以用来修复一些大面积的皱纹之类的，细节处理则需要使用仿制图章工具。修补工具去除文字效果如图 5.10 所示。

图 5.10　修补工具去除文字效果

4.　内容识别

所谓内容识别，就是当我们对图像的某一区域进行覆盖填充时，由软件自动分析周围图像的特点，将图像进行拼接组合后填充在该区域并进行融合，从而达到快速无缝的拼接效果。内容识别的功能在【填充】对话框中。应用内容识别命令的效果如图 5.11 所示。

图 5.11　应用内容识别命令效果

5.5　如何有针对性地进行修图

修图的本质是使商品图像更加美观，所以修图的首要工作是如何有针对性地进行修图，比如拿到一个拍摄好的化妆品瓶子之后，首先要观察其质感或者倒影、高光等是否使用到位，再确定使用何种修图手法，为其添加高光还是添加倒影，这是一个循序渐进的过程，切勿拿到商品图像之后直接进行修图，这是一种非常莽撞的行为，往往费一番周折之后或许还达不到自己想要的效果。

要修好一张产品图，要先分析它的主光源位置，比如是什么材质、反射的强弱、色彩是否准确。还有最重要的是耐心，一步步做好每个结构，让产品看上去更加吸引人，比如说陶瓷材质，在没有触摸它的时候，看上去给人的感觉是光滑的，因为它的明暗过渡变化均匀，从而传达了产品光滑的信息。修图的目的就是给客户传达一个正确的信息，矫正色彩，传达产品本身的质感给消费者。有针对性的修图效果如图 5.12 所示。

图 5.12　有针对性的修图效果

很多商品图像不可以直接用，需要调色、修正光源方向、突出物体本身的质感，当产品较多的时候，就需要对各个产品的光源方向做调整，对所有的产品都重新做明暗处理，颜色也做多处调整。修图通常用到三种技法：双曲线、中性灰、高低频。双曲线和中性灰在合成中，大多是用来调整物体的明暗关系，在很多修图中经常要考虑光影关系，有时候甚至要自己再重新塑造光影的场景，重新调整物体的明暗，这时候会用到双曲线和中性灰。双曲线就是在物体的图层上方建立两个曲线调整图层，一个是提高亮度的曲线调整图层，另一个是降低亮度的曲线调整图层，然后结合蒙版的使用，来给物体重新调整新的明暗关系。中性灰也有类似的效果，但是需要建立一个 128 灰色的图层，通过图层的混合模式，用画笔的明暗来重新调整物体的明暗关系。明暗关系修图效果如图 5.13 所示。

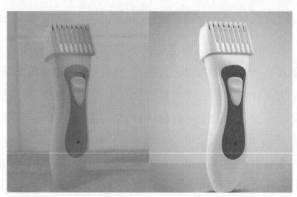

图 5.13　明暗关系修图效果

5.6　如何修复模糊的图像

　　虽然每个商品摄影师的目标都是拍出高质量的照片，但是图像中的"模糊"仍然是一个非常普遍的问题。当然形容一张照片"模糊"，也是一个相当宽泛的范畴。因为模糊有非常多的类型，所以确定模糊的类型对后期的修正很重要。修复模糊的照片需要细心和耐心。虽然计算机有着强大的算法，但并不是所有程度的模糊都能被修复，那些极度模糊的图像往往没有足够的数据所以难以修复，但轻度模糊在很多情况下是可以获得不错的修复效果的。

1. 图像的"细节修复"

　　在 Photoshop 中打开要修复的图像，随后在 Photoshop 的滤镜菜单中找到锐化选项，并选择 USM 锐化，弹出带有一些默认设置的窗格，可以调整这些设置以更好地锐化图像。由于每个图像都不相同，因此最佳设置也将不同。不过在修复细节模糊的环节中，更注重的是细节的强化，所以在可视化的操作中，需要将调整重心放在细节的调整上。质感修复效果如图 5.14 所示。

　　【USM 锐化】对话框中的选项介绍如下。

- ★ 数量：控制锐化的强度。数量越大，图像的细节对比度越高。此项参数不宜设置太高，否则会出现不自然的效果，通常选择一个中值即可。
- ★ 半径：用于控制图像轮廓周围被锐化的范围。较小的半径值将锐化细节，而较大的半径值将应用于较大的边缘，因为此步骤是锐化细节，所以需要一个小的半径数值。
- ★ 阈值：控制将被锐化的最小像素变化，为了避免锐化出现严重的噪点，仍然需要选择一个较小的数值。

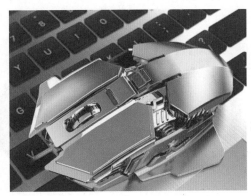

图 5.14　质感修复效果

2. 图像的"边缘强化"

　　经过细节修复后，可以通过右键单击图层并从菜单中选择【复制图层】命令，将调整好的图像复制一层后，进行边缘强化。选择新图层后，单击滤镜菜单，选择【其他】中的【高反差保留】。调整设置，直到可以看到要锐化的边缘，然后单击【确定】按钮以应用，随后从下拉菜单中将图层的混合模式更改为【叠加】。如果要进行更详细的控制，可以在更改混合模式后调整边缘强化图层的不透明度，强化边缘的效果如图 5.15 所示。

图 5.15　强化边缘效果

3. 修复图像中的"运动模糊"

尽管很多相机和镜头都有内置的图像防抖功能，可是一旦出现弱光手持拍摄的场景，还是难以避免因为抖动而产生的像素位移，尤其是在较高像素的机型中这种问题越发明显。Photoshop 可以帮助修复一定的线性抖动，这往往是长焦距拍摄或静态场景以较低快门速度拍摄的主要原因。当然如上所述，仅仅对线性抖动有较好的修复效果，而面对弧线抖动和折反抖动等非线抖动所产生的模糊修复效果较差。

在此项操作中，复制一个全新图层，随后在【滤镜】菜单中选择【锐化】选项，这里采用【防抖】工具进行修复效果更佳。单击【防抖】工具后，Photoshop 会根据算法自动解析相机的抖动，并进行自动校正处理。如果对目前的结果感到满意，保存图像即可；如果想进一步润饰锐度，可以使用【模糊方向】工具，以多帧算法的方式进行更加细致的调整。模糊方向用于调整软件在自动处理中无法追踪到的方向和范围。修复前后对比效果如图 5.16 所示。

图 5.16　修复前后对比效果

4. 修复图像中的"焦点模糊"

虽然现在的相机都有着相对完善的自动对焦系统，但也不是绝对可靠的。特别是一些入门相机或相对较早的机型，不仅仅对焦点少得可怜，就连对焦性能都捉襟见肘。甚至在一些特定的弱光环境中，跑焦或焦点偏移的问题还是时有发生的。那么，根据这些问题而做的局部锐化，还是非常有必要的。局部锐化的方法特别适合一些局部需要体现质感的照片，例如静物或人像等题材。对于比较模糊的照片，这种锐化也只能拯救一定程度上的模糊。如果拍得特别虚，也是没有办法的。局部锐化有很多种方式，基本原理是利用蒙版选择一个区域只锐化该区域即可。

首先需要双击 Photoshop 中的【以快速蒙版模式编辑】这一项，并选择【所选区域】这一项。放大所要调整照片的焦点位置。随后用【套索工具】把这个区域圈出来，圈选好区域之后单击鼠标右键选择【羽化】命令，可以让选出的这个区域的边缘过渡自然，和周围融为一体，不会显得太过突兀。每张照片羽化的参数不一样，需根据情况而定。保持在快速蒙版模式，并在图层栏中选择背景图层。然后按两次快捷键 Control+J。这样就先复制了一个背景图层，然后又新建了一个刚才所选区域的图层，可以看到所选区域的这个周围是很柔和的过渡。选择最上面新建的图层，然后在工具栏【滤镜】这一栏里面选择【锐化】命令，然后选择【智能锐化】命令。根据需求调整锐化参数，然后单击【确定】按钮就完成了。

假如想要得到更加精细的处理效果，也可以通过分区锐化来实现，比如优先使用较高的锐化值处理模特或者商品的局部图像，较高的锐化值将使其更加突出。然后其他部分可增加很少的锐化值。在没有特别的细节区域，仅需通过之前所提到的边缘强化进行适当的加强即可。分区锐化可以让自己完全掌控不同区域的锐化值，实现一个更加自然的效果。修复前后对比效果如图 5.17 所示。

图 5.17　修复前后对比效果

5.7　电商产品的精修流程

拿到产品图片后不要急于处理，要先分析其构成，并找出其缺点。我们记住，修图的时候，需要先观察产品的材质，不同的材质，其漫反射、光影质感都是不同的。不同的材质需要用不同的高光来渲染。根据产品的不同，在网店装修中，修图过程中所遇到的材质总共分为塑料、皮质、玻璃、布料、金属以及混合材质等，在修图过程中一般以以下流程为主。

1.　抠除背景

一般电商用图都统一使用白色背景作为产品底色，简单明了，干净利落。电商产品一般拍摄时用的就是白色背景，所以有些时候用魔棒工具就可以轻松搞定，更多时候钢笔抠图才是标配。抠除背景前后效果如图 5.18 所示。

图 5.18　抠除背景前后效果

2. 修正变形

有些产品在拍摄的时候会出现变形或者倾斜，需要借助参考线，使用透视变换或者扭曲变换来对产品进行矫形。修正变形效果如图 5.19 所示。

图 5.19　修正变形效果

3. 去除瑕疵

产品在拍摄过程中会出现脏点、划痕、破损、瑕疵和一些穿帮的部分，这些都需要后期修复，细节决定成败。去除瑕疵效果如图 5.20 所示。

图 5.20　去除瑕疵效果

4. 校色

偏色是一个经常出现的问题，一般出现偏蓝色和偏红色的图片的概率是最高的。校色一般可使用色相／饱和度来降低所偏颜色的饱和度来实现，也可以使用曲线来矫正。曲线是调色之王，对所偏颜色往其互补色上去调，也可以达到校色的目的。校色的前后效果如图 5.21 所示。

图 5.21 校色前后效果

5. 去灰度增加锐度

想让产品看起来更饱满、更有质感，那就必须对图片进行去灰加锐，去灰可使用色阶工具来实现，使黑白分明，让暗调在看得清细节的情况下尽可能地暗下去，让高调在不曝光的情况下尽可能地亮起来，这张图片看起来就不会有种雾蒙蒙的感觉。加锐可以让产品更有质感，更能体现产品的材质，可以通过 USM 锐化或者高反差保留来实现，调整时需注意数值的控制，参数不需要设置过大，适当即可。去灰度增加锐度前后效果如图 5.22 所示。

图 5.22 去灰度增加锐度前后效果

6. 添加阴影或者倒影

给产品添加阴影或者倒影会让产品看起来更高档、更有感觉，时间允许的情况下这一步不要落下，普通的点或者直线面的产品，只需要做一个简单的垂直翻转，然后用大点的柔角橡皮擦将不需要的部分擦除掉即可轻松实现倒影效果。另外，一些反光产品还可以添加反光效果，如手机屏幕、玻璃制品等。添加阴影或者倒影前后对比效果如图 5.23 所示。

图 5.23 添加阴影或者倒影前后对比效果

7. 锐化出图

想让产品更具质感，可以将修好的图再进行一次锐化，参数要控制适当，一般锐化使用 USM 锐化即可，现在新版的 Photoshop 已经对 USM 锐化算法进行了重新设计，效果较早前版本已有大幅度提升，可以替代之前一直使用的高反差保留来做产品锐化，更加方便快捷。锐化出图效果如图 5.24 所示。

图 5.24　锐化出图效果

5.8　缩小照片尺寸方便网店使用

🍁 **实例分析**

本例讲解缩小照片尺寸方便网店使用，有时因图像过大或过小不方便在店铺中使用，可以通过更改其尺寸使其使用更加灵活。最终效果如图 5.25 所示。

难度：☆
素材文件：调用素材 \ 第 5 章 \ 小电器 . jpg
案例文件：源文件 \ 第 5 章 \ 缩小照片尺寸方便网店使用 . jpg
视频文件：视频教学 \ 第 5 章 \5.8　缩小照片尺寸方便网店使用 . mp4

STEP 01 执行菜单栏中的【文件】|【打开】命令，选择"小电器 .jpg"文件，并将其打开。

STEP 02 执行菜单栏中的【图像】|【图像大小】命令，在弹出的对话框中将【宽度】更改为 500 像素，完成之后单击【确定】按钮，这样就完成了缩小照片尺寸的操作，如图 5.26 所示。

图 5.25　最终效果

图 5.26　缩小尺寸后的效果

5.9 突出电暖宝的特征

实例分析

　　本例讲解突出电暖宝的特征，有时候需要对某个商品进行突出展示时可以通过【裁剪工具】将不需要的区域裁剪即可，其制作方法十分简单，最终效果如图 5.27 所示。

难度：☆
素材文件：调用素材 \ 第 5 章 \ 电暖宝 .jpg
案例文件：源文件 \ 第 5 章 \ 突出电暖宝特征 .jpg
视频文件：视频教学 \ 第 5 章 \5.9　突出电暖宝特征 .mp4

图 5.27　最终效果

STEP 01 执行菜单栏中的【文件】|【打开】命令，选择"电暖宝 .jpg"文件，并将其打开。

STEP 02 选择工具箱中的【裁剪工具】 ，此时图像中将出现裁剪框，如图 5.28 所示。

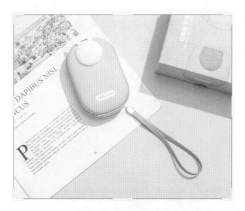

图 5.28　调出裁剪框

STEP 03 拖动裁剪框右下角控制点以选取图像

左上角的图像，如图 5.29 所示。

图 5.29　拖动控制点

STEP 04 按 Enter 键即可完成裁剪以突出显示商品图像，这样就完成了裁剪操作，如图 5.30 所示。

图 5.30　裁剪后的效果

5.10 校正倾斜图像

🔖 实例分析

本例讲解校正倾斜图像，在商品拍摄过程中有时候会因某些客观因素将图像拍斜，这时需要将其校正后才可上传至店铺，校正过程十分简单。校正前后的对比效果如图 5.31 所示。

难度：☆
素材文件：调用素材＼第 5 章＼倾斜图像.jpg
案例文件：源文件＼第 5 章＼校正倾斜图像.jpg
视频文件：视频教学＼第 5 章＼5.10　校正倾斜图像.mp4

图 5.31　对比效果

STEP 01 执行菜单栏中的【文件】|【打开】命令，选择"倾斜图像.jpg"文件，并将其打开。

STEP 02 选择工具箱中的【裁剪工具】🔲，此时图像中将出现裁剪框，如图 5.32 所示。

图 5.32　调出裁剪框

图 5.33　拉直

STEP 03 单击选项栏中的【拉直】图标🔲，在图像中沿背景的水平交界边缘拖动，此时图像将自动校正至水平，如图 5.33 所示。

STEP 04 按 Enter 键即可完成裁剪以突出显示商品图像，这样就完成了校正倾斜图像的操作，最终效果如图 5.34 所示。

图 5.34　最终效果

提示

　　校正倾斜图像也具有一定的缺陷性，当使用拉直功能将图像校正之后必须裁剪掉部分区域才能完成校正，因此在某些商品背景区域较少的图像中应当谨慎使用此功能。

5.11　调出晶莹手镯效果

实例分析

　　本例讲解调出晶莹手镯效果，主要利用减淡工具提升图像亮度，再绘制图形为图像添加高光效果即可完成整个效果制作。最终效果如图 5.35 所示。

难度：☆☆
素材文件：调用素材＼第 5 章＼手镯.jpg
案例文件：源文件＼第 5 章＼调出晶莹手镯效果.psd
视频文件：视频教学＼第 5 章＼5.11　调出晶莹手镯效果.mp4

图 5.35　最终效果

STEP 01 执行菜单栏中的【文件】|【打开】命令，选择"手镯.jpg"文件，并将其打开。

STEP 02 在【图层】面板中，单击面板底部的【创建新的填充或调整图层】按钮，在弹出的菜单中选择【曲线】命令，在出现的面板中调整曲线来提升图像亮度，如图 5.36 所示。

图 5.36　调整曲线

STEP 03 在【图层】面板中，单击面板底部的【创建新的填充或调整图层】按钮，在弹出的菜单中选择【色相/饱和度】命令，在出现的面板中选择【绿色】通道，将【饱和度】修改为 +30，如图 5.37 所示。

图 5.37　调整饱和度

STEP 04 在【图层】面板中，单击面板底部的【创建新图层】按钮，新建一个【图层 1】图层。

STEP 05 选中【图层 1】图层，按 Ctrl+Alt+Shift+E 组合键，盖印图层。

STEP 06 选择工具箱中的【减淡工具】，在画布中单击鼠标右键，在弹出的面板中选择一种圆角笔触，将【大小】更改为 250 像素，将【硬度】更改为 0，在手镯上涂抹，减淡图像，如图 5.38 所示。

图 5.38　减淡图像

STEP 07 选择工具箱中的【钢笔工具】 ，在选项栏中单击【选择工具模式】 路径 ⌄ 按钮，在弹出的选项中选择【形状】，将【填充】更改为白色，将【描边】更改为无。

STEP 08 在手镯高光位置绘制一个不规则图形，将生成一个【形状 1】图层，如图 5.39 所示。

图 5.39　绘制图形

STEP 09 在【图层】面板中，选中【形状 1】图层，将其拖曳至面板底部的【创建新图层】按钮 上，复制一个【形状 1 拷贝】图层。

STEP 10 在【图层】面板中，选中【形状 1】图层，将其图层混合模式设置为【叠加】，选中【形状 1 拷贝】图层，将【不透明度】更改为 50%，这样就完成了高光调整的操作，如图 5.40 所示。

图 5.40　高光调整后的效果

5.12　为电视机添加质感光影效果

实例分析

本例讲解为电视机添加质感光影效果，首先绘制图形并利用图层蒙版制作出光影效果后更改不透明度，即可完成效果的制作。最终效果如图 5.41 所示。

难度：☆☆
素材文件：调用素材＼第 5 章＼电视机 .jpg
案例文件：源文件＼第 5 章＼为电视机添加质感光影效果 .psd
视频文件：视频教学＼第 5 章＼5.12　为电视机添加质感光影效果 .mp4

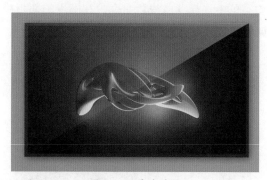

图 5.41　最终效果

STEP 01 执行菜单栏中的【文件】|【打开】命令，选择"电视机 .jpg"文件，并将其打开。

STEP 02 选择工具箱中的【矩形工具】▭，在选项栏中将【填充】更改为白色，将【描边】更改为无，在电视机位置处绘制一个矩形，将生成一个【矩形 1】图层，如图 5.42 所示。

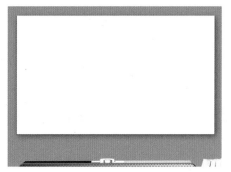

图 5.42　绘制图形

STEP 03 选择工具箱中的【直接选择工具】▷，选中矩形右下角锚点将其删除，如图 5.43 所示。

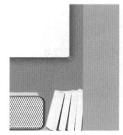

图 5.43　删除锚点

STEP 04 在【图层】面板中，选中【形状 1】图层，

单击面板底部的【添加图层蒙版】按钮▢，为其添加图层蒙版，如图 5.44 所示。

STEP 05 选择工具箱中的【渐变工具】▭，编辑黑色到白色的渐变，单击选项栏中的【线性渐变】按钮▭，在图形上拖动将部分图形隐藏，如图 5.45 所示。

图 5.44　添加图层蒙版　　图 5.45　隐藏图形

STEP 06 选中【形状 1】图层，将其图层【不透明度】更改为 50%，这样就完成了质感光影的操作，如图 5.46 所示。

图 5.46　质感光影效果

5.13 为手机添加真实倒影

 实例分析

本例讲解为手机添加真实倒影，首先绘制图形并利用图层蒙版制作出光影效果后更改不透明度，即可完成效果的制作。最终效果如图 5.47 所示。

难度：☆☆
素材文件：调用素材 \ 第 5 章 \ 手机 .psd
案例文件：源文件 \ 第 5 章 \ 为手机添加真实倒影 .psd
视频文件：视频教学 \ 第 5 章 \5.13　为手机添加真实倒影 .mp4

图 5.47　最终效果

STEP 01 执行菜单栏中的【文件】|【打开】命令，选择"手机 .psd"文件，并将其打开。

STEP 02 在【图层】面板中，选中【手机】图层，将其拖曳至面板底部的【创建新图层】按钮⊞上，复制一个【手机 拷贝】图层。

STEP 03 选中【手机 拷贝】图层，按 Ctrl+T 组合键对其执行【自由变换】命令，单击鼠标右键，从弹出的快捷菜单中选择【垂直翻转】命令，完成后按 Enter 键确认，将图像与原图像底部对齐，如图 5.48 所示。

图 5.48　变换图像

STEP 04 在【图层】面板中，选中【手机 拷贝】图层，单击面板底部的【添加图层蒙版】按钮◻，为其添加图层蒙版，如图 5.49 所示。

图 5.49　添加图层蒙版

STEP 05 选择工具箱中的【渐变工具】■，编辑黑色到白色的渐变，单击选项栏中的【线性渐变】按钮■，在画布中拖动图像将部分图像隐藏，这样就完成了真实倒影的操作，如图 5.50 所示。

图 5.50　真实倒影效果

5.14　为笔记本电脑添加光感投影

 实例分析

本例讲解为笔记本电脑添加光感投影，本例的制作以突出笔记本底部的光感投影效果为主，通过复制图像并更改不透明度完成效果制作，最终效果如图 5.51 所示。

难度：☆☆
素材文件：调用素材 \ 第 5 章 \ 笔记本电脑 .psd
案例文件：源文件 \ 第 5 章 \ 为笔记本电脑添加光感投影 .psd
视频文件：视频教学 \ 第 5 章 \5.14　为笔记本电脑添加光感投影 .mp4

图 5.51　最终效果

STEP 01 执行菜单栏中的【文件】|【打开】命令，选择"笔记本电脑 .psd"文件，并将其打开。

STEP 02 在【图层】面板中，选中【笔记本电脑】图层，将其拖曳至面板底部的【创建新图层】按钮⊞上，复制一个【笔记本电脑 拷贝】图层，选中【笔记本电脑】图层，将其图层【不透明度】更改为 20%，如图 5.52 所示。

图 5.52　更改图层不透明度

STEP 03 在图像中将其向下垂直移动，如图 5.53 所示。

STEP 04 选择工具箱中的【多边形套索工具】，在图像中屏幕区域绘制一个多边形选区，如图 5.54 所示。

图 5.53　移动图像　　　　图 5.54　绘制选区

STEP 05 选中【笔记本电脑】图层，按 Delete 键将图像删除，完成后按 Ctrl+D 组合键将选区取消，这样就完成了光感投影的操作，如图 5.55 所示。

图 5.55　光感投影效果

5.15　为洗面奶瓶身添加高光效果

 实例分析

　　本例讲解为洗面奶瓶身添加高光效果，首先在洗面奶图像上绘制图形，并通过添加模糊效果后制作出高光效果，最终效果如图 5.56 所示。

难度: ☆☆
素材文件: 调用素材 \ 第 5 章 \ 洗面奶 .jpg
案例文件: 源文件 \ 第 5 章 \ 为洗面奶瓶身添加高光效果 .psd
视频文件: 视频教学 \ 第 5 章 \5.15　为洗面奶瓶身添加高光效果 .mp4

图 5.56 最终效果

STEP 01 执行菜单栏中的【文件】|【打开】命令，选择"洗面奶.jpg"文件，并将其打开。

STEP 02 选择工具箱中的【钢笔工具】，在选项栏中单击【选择工具模式】 路径 ▾ 按钮，在弹出的选项中选择【形状】，将【填充】更改为白色，将【描边】更改为无。

STEP 03 在洗面奶靠左侧位置绘制一个不规则图形，生成一个【形状 1】图层，如图 5.57 所示。

图 5.57 绘制图形

STEP 04 选中【形状 1】图层，执行菜单栏中的【滤镜】|【模糊】|【高斯模糊】命令，在弹出的【高斯模糊】对话框中将【半径】更改为 8 像素，完成之后单击【确定】按钮，如图 5.58 所示。

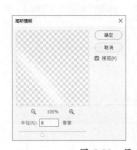

图 5.58 添加高斯模糊

STEP 05 选中【形状 1】图层，将其图层【不透明度】更改为 50%，如图 5.59 所示。

图 5.59 更改图层不透明度

STEP 06 在【图层】面板中，选中【形状 1】图层，将其拖曳至面板底部的【创建新图层】按钮上，复制一个【形状 1 拷贝】图层，如图 5.60 所示。

图 5.60 复制图层

STEP 07 选中【形状 1 拷贝】图层，按 Ctrl+T 组合键对其执行【自由变换】命令，单击鼠标右键，从弹出的快捷菜单中选择【水平翻转】命令，再将图像适当地旋转移至洗面奶右侧位置，完成之后按 Enter 键确认，这样就完成了高光的操作，效果如图 5.61 所示。

图 5.61 添加高光后的效果

5.16 提升皮鞋光泽度

📖 **实例分析**

　　本例讲解提升皮鞋光泽度，在网店中，皮革类图像最能体现其品质的地方在于其有足够的光泽度，出色的光泽度可以为产品带来完美的品质感，提升皮鞋光泽度的操作方法比较简单，只需要简单几步即可完成，最终效果如图 5.62 所示。

难度：☆☆
素材文件：调用素材 \ 第 5 章 \ 皮鞋 .jpg
案例文件：源文件 \ 第 5 章 \ 提升皮鞋光泽度 .psd
视频文件：视频教学 \ 第 5 章 \5.16　提升皮鞋光泽度 .mp4

图 5.62　最终效果

STEP 01 执行菜单栏中的【文件】|【打开】命令，选择 "皮鞋 .jpg" 文件，并将其打开。

STEP 02 按 Ctrl+Alt+2 组合键将图像中高光区域载入选区，如图 5.63 所示。

图 5.63　载入选区

STEP 03 执行菜单栏中的【选择】|【反向】命令，将选区反向以选中阴暗区域，如图 5.64 所示。

图 5.64　将选区反向

STEP 04 执行菜单栏中的【图层】|【新建】|【通过拷贝的图层】命令，此时将生成一个【图层 1】图层。

STEP 05 选中【图层 1】图层，将其图层混合模式设置为【滤色】，如图 5.65 所示。

图 5.65　设置图层混合模式

STEP 06 单击面板底部的【创建新图层】按钮 ⊞，新建一个【图层 2】图层，如图 5.66 所示。

STEP 07 选中【图层 2】图层，按 Ctrl+Alt+Shift+E 组合键，盖印可见图层，如图 5.67 所示。

图 5.66　新建图层

图 5.67　盖印可见图层

图 5.68　调整色阶

STEP 08 在图层面板中，单击面板底部的【创建新的填充或调整图层】按钮，在弹出的菜单中选择【色阶】命令，在出现的面板中将其数值更改为（29，1.11，231），如图 5.68 所示。

STEP 09 选中【图层 2】图层，选择工具箱中的【减淡工具】，在鞋子区域涂抹将其减淡，这样就完成了光泽度的操作，效果如图 5.69 所示。

图 5.69　光泽度效果

5.17　为高跟鞋添加真实倒影

实例分析

本例讲解为高跟鞋添加真实倒影，在商品正式上架之前需要对拍摄的商品图像进行美化处理，而添加真实的倒影是必不可少的一步，带有真实倒影的商品图像在视觉效果上更加完美，最终效果如图 5.70 所示。

难度：☆☆
素材文件：调用素材 \ 第 5 章 \ 高跟鞋 .psd
案例文件：源文件 \ 第 5 章 \ 为高跟鞋添加真实倒影 .psd
视频文件：视频教学 \ 第 5 章 \5.17　为高跟鞋添加真实倒影 .mp4

图 5.70　最终效果

STEP 01 执行菜单栏中的【文件】|【打开】命令，选择"高跟鞋 .psd"文件，并将其打开。

STEP 02 选择工具箱中的【钢笔工具】，在选项栏中单击【选择工具模式】按钮，在弹出的选项中选择【形状】，将【填充】更改为灰色（R：228，G：228，B：228），将【描边】更改为无，在高跟鞋图像右下角位置绘制一个不规则图形，此时将生成一个【形状 1】图层，将其移至【高跟鞋】图层下方，如图 5.71 所示。

图 5.71　绘制图形

STEP 03 在【图层】面板中，选中【形状 1】图层，单击面板底部的【添加图层蒙版】按钮 ◉，为其图层添加图层蒙版，如图 5.72 所示。

STEP 04 选择工具箱中的【画笔工具】 ✐，在画布中单击鼠标右键，在弹出的面板中选择一种圆角笔触，将【大小】更改为 120 像素，将【硬度】更改为 0，如图 5.73 所示。

图 5.72　添加图层蒙版　　图 5.73　设置笔触

STEP 05 将前景色更改为黑色，在其图像上部分区域涂抹将其隐藏，如图 5.74 所示。

图 5.74　隐藏图像

STEP 06 选择工具箱中的【椭圆工具】 ◯，在选项栏中将【填充】更改为灰色（R：160，G：160，B：160），将【描边】更改为无，在刚才绘制的图形位置绘制一个椭圆图形并适当

旋转，此时将生成一个【椭圆 1】图层，将其移至【形状 1】图层上方，效果如图 5.75 所示。

STEP 07 选中【椭圆 1】图层，执行菜单栏中的【滤镜】|【模糊】|【高斯模糊】命令，在弹出的对话框中将【半径】更改为 5 像素，完成之后单击【确定】按钮，效果如图 5.76 所示。

图 5.75　绘制图形　　图 5.76　设置高斯模糊

STEP 08 选中【椭圆 1】图层，执行菜单栏中的【图层】|【创建剪贴蒙版】命令，为当前图层创建剪贴蒙版将部分图像隐藏，如图 5.77 所示。

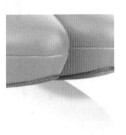

图 5.77　创建剪贴蒙版

STEP 09 以同样的方法在鞋子底部位置绘制一个灰色（R：212，G：212，B：212）不规则图形，此时将生成一个【形状 2】图层，效果如图 5.78 所示。

图 5.78　绘制图形

STEP 10 用与刚才同样的方法为【形状 2】图层添加图层蒙版并将部分图形隐藏，效果如图 5.79 所示。

图 5.79 隐藏图形

STEP 11 选择工具箱中的【矩形工具】 ，在选项栏中将【填充】更改为黑色，将【描边】更改为无，在鞋跟位置绘制一个矩形，将生成一个【矩形 1】图层，效果如图 5.80 所示。

图 5.80 绘制图形

STEP 12 在【图层】面板中，选中【矩形 1】图层，单击面板底部的【添加图层样式】按钮*fx*，在弹出的快捷菜单中选择【渐变叠加】命令，在弹出的【图层样式】对话框中将【渐变】更改为透明到灰色（R：214，G：214，B：214），完成之后单击【确定】按钮，如图 5.81 所示。

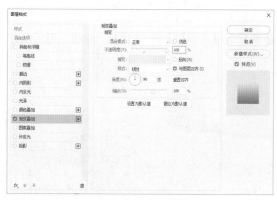

图 5.81 设置渐变叠加

STEP 13 在【图层】面板中，选中【矩形 1】图层，将其图层【填充】更改为 0，这样就完成了真实倒影的操作，效果如图 5.82 所示。

图 5.82 真实倒影效果

技巧

将【矩形 1】图层的【填充】更改为 0 之后，可以再次双击该图层，调出【图层样式】对话框，同时在文档中的倒影处拖动鼠标以更改渐变的位置。

5.18 对护手霜进行精修

 实例分析

本例讲解对护手霜进行精修，主要讲解精修的流程以及掌握精修的基础操作技法，最终效果如图 5.83 所示。

难度：☆☆☆
素材文件：调用素材＼第 5 章＼护手霜 .jpg
案例文件：源文件＼第 5 章＼对护手霜进行精修 .psd
视频文件：视频教学＼第 5 章＼5.18 对护手霜进行精修 .mp4

图 5.83　最终效果

1. 修复瓶身污点

STEP 01 执行菜单栏中的【文件】|【打开】命令，选择"护手霜.jpg"文件，并将其打开。

STEP 02 选择工具箱中的【修补工具】，在图像中间瓶身明显的黑色污点图像区域绘制选区将其选中，如图 5.84 所示。

STEP 03 向右侧完好的图像区域拖动以修补污点图像，完成之后按 Ctrl+D 组合键将选区取消，如图 5.85 所示。

图 5.84　绘制选区　　　图 5.85　修补图像

STEP 04 选择工具箱中的【污点修复画笔工具】，在画布中单击鼠标右键，在弹出的面板中选择一种圆角笔触，将【大小】更改为 20 像素，将【硬度】更改为 0，如图 5.86 所示。

图 5.86　设置笔触

STEP 05 在刚才污点图像旁边的黑点图像位置单击将其修复，如图 5.87 所示。

图 5.87　修复图像

STEP 06 用同样的方法在瓶身其他区域、花朵图像等相关区域多余的黑点位置处单击将其修复，如图 5.88 所示。

图 5.88　修复图像

> **提示**
>
> 在修复图像时应当注意花朵图像部分区域会影响护手霜瓶身的视觉效果，在修复过程中应当重点留意。
>
>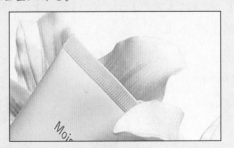

2. 校正图像明暗关系

STEP 01 按 Ctrl+Alt+2 组合键将图像高光载入选区，执行菜单栏中的【选择】|【反向】命令将选区反向，如图 5.89 所示。

图 5.89　将选区反向

STEP 02 在【图层】面板中，单击面板底部的【创建新的填充或调整图层】按钮◎，在弹出的快捷菜单中选择【曲线】命令，在弹出的面板中调整曲线来提升选区中图像亮度，如图 5.90 所示。

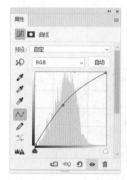

图 5.90　调整曲线

STEP 03 再次单击面板底部的【创建新的填充或调整图层】按钮◎，在弹出的快捷菜单中选择【可选颜色】命令，在弹出的面板中选择【颜色】为青色，将其数值更改为【青色】+22%、【洋红】-16%、【黄色】-52%、【黑色】+27%，如图 5.91 所示。

图 5.91　调整青色

STEP 04 选择【颜色】为白色，将其数值更改为【青色】-18%、【黄色】-10%、【黑色】-18%，如图 5.92 所示。

图 5.92　调整白色

STEP 05 在【图层】面板中，单击面板底部的【创建新图层】按钮⊞，新建一个【图层 1】图层。

STEP 06 选中【图层 1】图层，按 Ctrl+Alt+Shift+E 组合键，盖印可见图层。

STEP 07 选择工具箱中的【减淡工具】🔎，在画布中单击鼠标右键，在弹出的面板中选择一种圆角笔触，将【大小】更改为 100 像素，将【硬度】更改为 0，在图像中左右两侧化妆瓶身区域涂抹来提升亮度，如图 5.93 所示。

图 5.93　提升亮度

3.　手绘高光

STEP 01 选择工具箱中的【钢笔工具】✐，沿右侧瓶子边缘绘制一个封闭路径将其选中，如图 5.94 所示。

STEP 02 按 Ctrl+Enter 组合键将路径转换为选区，如图 5.95 所示。

图 5.94　绘制路径

图 5.95　转换为选区

STEP 03 执行菜单栏中的【图层】|【新建】|【通过拷贝的图层】命令，此时将生成一个【图层 2】图层。

STEP 04 选中【图层 2】图层，将其图层混合模式设置为【柔光】，将【不透明度】更改为80%，如图 5.96 所示。

图 5.96　设置图层混合模式

STEP 05 以与刚才同样的方法，在左侧化妆品图像位置沿其边缘绘制路径并执行【通过拷贝的图层】命令后，为生成的【图层 3】图层设置图层混合模式，以增强其对比度提升通透感，如图 5.97 所示。

图 5.97　提升瓶身通透感

提示

在提升化妆瓶身通透感时需注意，由于中间化妆瓶瓶身是塑料材质，为其补光即可，而左右两侧瓶身为玻璃质感，必须提升其通透感来增强商品的品质。

STEP 06 选择工具箱中的【钢笔工具】 ，在选项栏中单击【选择工具模式】 路径 按钮，在弹出的选项中选择【形状】，将【填充】更改为白色，将【描边】更改为无，在左侧瓶身顶部瓶盖位置处绘制一个不规则图形，此时将生成一个【形状 1】图层，效果如图 5.98 所示。

图 5.98　绘制图形

STEP 07 选中【形状 1】图层，执行菜单栏中的【滤镜】|【模糊】|【高斯模糊】命令，在弹出的【高斯模糊】对话框中将【半径】更改为 5.0像素，完成之后单击【确定】按钮，效果如图 5.99所示。

图 5.99　设置高斯模糊

STEP 08 选中【形状 1】图层，将其图层混合模式设置为【柔光】，效果如图 5.100 所示。

STEP 09 在【图层】面板中，选中【形状 1】图层，将其拖曳至面板底部的【创建新图层】按钮 上，复制一个【形状 1 拷贝】图层。

STEP 10 选中【形状 1 拷贝】图层，按 Ctrl+T组合键对其执行【自由变换】命令，将图像等比缩小，完成之后按 Enter 键确认，效果如图 5.101 所示。

图 5.100   设置图层混合模式

图 5.101   缩小图像

STEP 11 选择工具箱中的【钢笔工具】 ，用与刚才同样的方法，在右下角瓶盖位置绘制 1 个半圆图形，为其添加高斯模糊后，设置图层混合模式为其添加高光质感，如图 5.102 所示。

图 5.102   添加高光质感

STEP 12 选择工具箱中的【钢笔工具】 ，在中间瓶子边缘位置绘制一个细长图形，此时将生成一个【形状 3】图层，如图 5.103 所示。

STEP 13 选中【形状 3】图层，按 Ctrl+Alt+F 组合键，在打开的【高斯模糊】对话框中将【半径】更改为 8 像素，完成之后单击【确定】按钮，在图层面板中将其图层混合模式设置为【柔光】，效果如图 5.104 所示。

图 5.103   绘制图形

图 5.104   添加高斯模糊

STEP 14 用与刚才同样的方法，在瓶身右侧边缘绘制一个相似图形并添加高斯模糊效果后制作厚度质感效果，如图 5.105 所示。

图 5.105   添加厚度质感

4. 制作平滑效果

STEP 01 按 Ctrl+Alt+Shift+E 组合键，盖印可见图层，此时将生成一个【图层 4】图层。

STEP 02 执行菜单栏中的【滤镜】|【杂色】|【减少杂色】命令，在弹出的【减少杂色】对话框中将【强度】更改为 8，将【保留细节】更改为 70%，将【减少杂色】更改为 55%，将【锐化细节】更改为 25%，完成之后单击【确定】按钮，如图 5.106 所示。

图 5.106　设置减少杂色

提示

减少杂色的作用是去除图像中经过调色后的失真及杂点区域，以使图像更加平滑。

STEP 03 按 Ctrl+Alt+2 组合键将图像中高光区域载入选区，如图 5.107 所示。

图 5.107　载入选区

STEP 04 执行菜单栏中的【选择】|【反向】命令将选区反向，如图 5.108 所示。

图 5.108　将选区反向

STEP 05 执行菜单栏中的【图层】|【新建】|【通过拷贝的图层】命令，此时将生成一个【图层 5】图层，将其图层混合模式设置为【滤色】，将【不透明度】更改为 50%，效果如图 5.109 所示。

图 5.109　设置图层混合模式

STEP 06 按 Ctrl+Alt+Shift+E 组合键，盖印可见图层，此时将生成一个【图层 6】图层。

STEP 07 选择工具箱中的【模糊工具】 ，在画布中单击鼠标右键，在弹出的面板中选择一种圆角笔触，将【大小】更改为 100 像素，将【硬度】更改为 0。

STEP 08 在选项栏中将【强度】更改为 100%，在图像中左上角花朵区域涂抹将其模糊以为化妆品图像制作出立体视觉效果，这样就完成了抠图操作，最终效果如图 5.110 所示。

图 5.110　最终效果

5.19 拓展训练

本节有针对性地安排了两个不同的商品修图案例，以将前面学习的知识加以巩固，并拓展出新的应用技巧。

训练 5-1 创建随意变化的商品投影

 实例分析

本例练习创建随意变化的商品投影，通过为鞋子添加投影图层样式后，创建单独的图层再将其变形即可完成效果制作。最终效果如图 5.111 所示。

难度：☆☆☆	
素材文件：调用素材＼第 5 章＼绿色鞋子.jpg	
案例文件：源文件＼第 5 章＼创建随意变化的商品投影.jpg	
视频文件：视频教学＼第 5 章＼训练 5-1　创建随意变化的商品投影.mp4	

图 5.111　最终效果

步骤分解图如图 5.112 所示。

图 5.112　步骤分解图

训练 5-2 让手机壳更富质感

 实例分析

本例练习通过【内容感知移动工具】更换商标位置，【内容感知移动工具】的功能十分强大，它可以去除不需要的图像部分，同时还可以将部分图像区域移动。最终效果如图 5.113 所示。

难度: ☆☆
素材文件: 调用素材 \ 第 5 章 \ 手机壳 .jpg
案例文件: 源文件 \ 第 5 章 \ 让手机壳更富质感 .jpg
视频文件: 视频教学 \ 第 5 章 \ 训练 5-2　让手机壳更富质感 .mp4

图 5.113　最终效果

步骤分解图如图 5.114 所示。

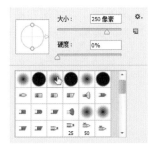 

图 5.114　步骤分解图

第6章
CHAPTER SIX
调色艺术在装修中的应用

 内容摘要

　　本章主要介绍调色艺术在装修中的应用，调色艺术作为商品图像处理中非常重要的组成部分，它的操作非常考验对色彩及美学的把控能力，本章还有实例的操作，比如为糖果包装更换颜色、调出漂亮化妆品效果、调出品质商品效果、调出质感手机壳效果等。通过对本章的学习可以掌握大部分商品的调色技巧。

教学目标

- 了解电商调色的原理
- 知道为什么要调色
- 学习一般的调色步骤
- 掌握快速调色命令的使用方法
- 学会调色小技巧
- 了解调色原则
- 学会调色艺术在装修中的应用技法

佳作欣赏

6.1　调色在电商中的作用

色彩是人类视觉所能感知的、客观存在的物象，是唤起情感的重要元素之一。在电商网站购物页面中，色彩是传达商品信息、定义主题调性、刺激用户购物欲望的重要视觉媒介之一。用户打开购物页面，最先感受到的就是色彩，其不同的色彩搭配呈现出不同的色彩效果，色彩与商品或文字的组合产生的视觉效果对用户具有直接感染力。针对购物类应用的色彩研究发现，用户在回忆网上购物应用给自己留下的印象时，首先想到的是对色彩的感受，可见色彩决定用户对电商购物网站的第一印象，具有重要的作用。

旺铺装修调色，主要是对旺铺的图片和框架的颜色进行组合。为什么要做这些呢？因为旺铺装修调色的好坏，是商品能不能够在众多同类商品中脱颖而出的关键。色调是指网店页面中画面色彩的总体倾向，是大方向的色彩效果。在淘宝店铺装修的过程中往往会使用多种颜色来表现形式多样的画面效果，但总体都会持有一种倾向，是偏黄或偏绿、是偏冷或偏暖等，这种颜色上的倾向就是画面给人的总体印象，电商调色色盘效果如图 6.1 所示。

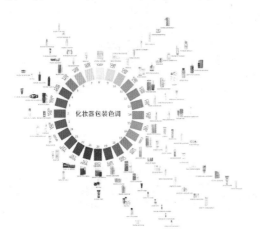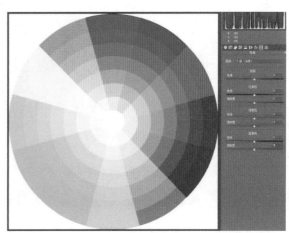

图 6.1　电商调色色盘

6.2　为什么要调色

调色是指将特定的色调加以改变，形成不同感觉的另一色调图片，通常商品调色用到的是Photoshop，它能更好、更快地制作出色彩反差大的图片，比如说针对衣服和物品的细节进行突出对比，从而让大众的眼光被图像中的物品所吸引而不是模特和风景，调色的过程并不复杂，只要掌握其中的技巧，熟悉之后可以调出非常出色的效果。

所有拍的照片当中，都离不开红、黄、绿、青、蓝、洋红这些色彩，红色的互补色是青色，红色的变化与青色、洋红和黄色相关。色彩可以给人一种对事物的美好幻想，可以寄托一些美好的想象，丰富的色彩，能够激发人的想象力。不同的色彩代表了不同的信息，比如红色象征着活力、热情、魅惑，蓝色象征着忧郁、单纯，白色象征着纯洁，紫色象征着高贵、优雅等，同时对商品调色可以准确地还原商品本身颜色，使商品更加吸引人，从而提升商品的销量。调色前后的对比效果如图 6.2 所示。

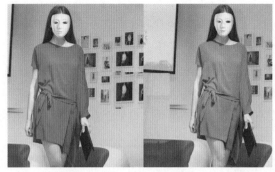

图 6.2　调色前后的对比效果

6.3　一般的调色步骤

　　如果决定对商品进行调色，首先在调色之前需要了解调色的操作步骤，比如观察图像的曝光程度、亮度 / 对比度等，通常调色步骤按以下流程操作即可。

1. 确定曝光度

　　首先确定黑白场的光，是否会有曝光的可能，以此来有针对性地进行调整，调整曝光度效果如图 6.3 所示。

图 6.3　调整曝光度效果

2. 对主体的修饰

确定商品要突出的地方，对要突出的地方进行精心的修饰。对主体的修饰对比效果如图 6.4 所示。

图 6.4　对主体的修饰对比效果

3. 突出质感

所谓质感，不仅仅只是看起来清晰，比如梦幻的柔和调，也是质感。在调色的图像中针对要突出的东西，进行适当的锐化和增加对比度，突出质感前后对比效果如图 6.5 所示。

图 6.5　突出质感对比效果

4. 优化细节

如果一开始就调色，加强光线和锐化，往往导致图像有色块有杂色，颜色也会有变化，就需要再一次修正颜色，所以在调色操作结束之后需要对整个调色结果进行细化操作，经过优化细节的效果如图 6.6 所示。

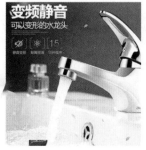

图 6.6　优化细节

6.4 快速调色命令

调色的命令比较多，有几种命令是经常用到的，比如曲线、色阶、色相／饱和度等，这些命令的操作比较简单，同时也有很友好的界面，可以通过调整数值直接对图像中的色彩进行调整。

1. 曲线

执行菜单栏中的【图像】|【调整】|【曲线】命令，打开【曲线】对话框，这里用它来调整图像的亮度。用鼠标在曲线上拖动会出现一个控制点，把控制点向左上方拖动可调亮图像；把控制点向右下方拖动可调暗图像，如图 6.7 所示。

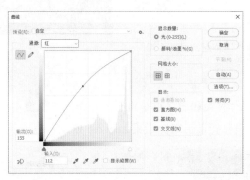

图 6.7　曲线调整

2. 色阶

图像的色阶根据亮度强弱从暗到亮分成 0~255 的范围。有些图像中应该黑暗的部分不暗，应该明亮的部分又不亮，亮度比较集中，给人的感觉是灰蒙蒙的。通过色阶命令可把这类图像中应该黑暗的部分调暗、应该明亮的部分调亮。

在【色阶】对话框中，用红色的横线来表示【输入色阶】经常使用的调整范围，把左右两边的三角形滑块分别拖动到色阶集中区域的开始处，而中间的三角形滑块向左移动可调亮图像，向右移动可调暗图像，色阶的调整效果如图 6.8 所示。

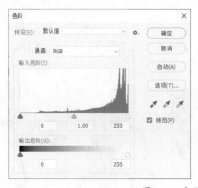

图 6.8　色阶调整效果

3. 亮度／对比度

增加对比度可让图像更鲜明，更突出主题，但也可能会让明亮部分过度曝光，因此要根据照片来适度调整对比度，亮度 / 对比度调整效果如图 6.9 所示。

图 6.9　亮度 / 对比度调整效果

4.　色彩平衡

【色彩平衡】对话框用于纠正偏色的照片。如图像偏蓝色时就把滑块向黄色拖动，偏红色时就把滑块向青色移动，色彩平衡调整效果如图 6.10 所示。

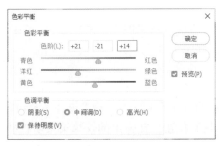

图 6.10　色彩平衡调整效果

5.　阴影 / 高光

阴影 / 高光可以把图像中比较暗的部分调亮，同时又不会把明亮部分调得太亮，阴影用于设置调亮的程度，数值越大调得越亮，常用的参数范围是 0~50；其他选项常用的参数范围是 30 ～ 256，阴影 / 高光调整效果如图 6.11 所示。

图 6.11　阴影 / 高光调整效果

6.　USM 锐化

此命令用于把模糊的图像变清晰，如果图像太模糊则无法变清晰，数量用于设置锐化的程度，数值越大锐化越明显，边界也就越明显，半径参数主要针对边界的宽度，USM 锐化效果如图 6.12 所示。

图 6.12　USM 锐化效果

6.5　调色实用小技巧

调色中有很多的小技巧，通过这些小技巧的应用，可以使调色的工作更加顺畅，提升工作效率，同时还保证了图像的视觉效果。

1.　通道混合器

用【通道混合器】来增加图片的明暗对比，是一种非常简单的方法，效果也非常不错。在【图层】面板中，单击面板底部的【创建新的填充或调整图层】按钮，在弹出的快捷菜单中选择【通道混合器】命令，在弹出的【通道混合器】对话框中将【预设】设置为默认值，使用红色滤镜的黑白，将当前调整图层的图层混合模式设置为柔光，再通过调整图层的不透明度来达到想要的对比效果，通道混合器的应用效果如图 6.13 所示。

图 6.13　通道混合器应用效果

2.　快速调出漂亮的黑白照片

由于一些商品的调色会用到黑白效果，所以在 Photoshop 里将一张彩色照片转黑白也会经常遇到，其做法非常简单。选中图像，执行菜单栏中的【图像】|【调整】|【去色】命令，就可以完成。如果想让这张黑白照片更上一个层次的话，不妨用一个【黑白】调整图层去调，可以用 6 个颜色的滑块去控制图像的主要颜色，还可以用小手工具单击图片任何区域，进行区域性的调整，效果如图 6.14 所示。

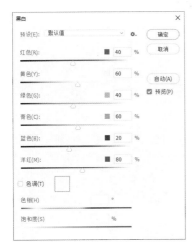

图 6.14　漂亮的黑白效果

3. 更好地还原暗部细节

在 Photoshop 里将图片的暗部细节还原出来，如果直接在单个图层上进行调整的话，可能会破坏细节，更好的方法是，复制背景图层，在当前图层名称上单击鼠标右键，从弹出的快捷菜单中选择【转换为智能对象】命令，再执行菜单栏中的【图像】|【调整】|【阴影/高光】命令，在弹出的【阴影/高光】对话框中调整数据恢复细节，还原暗部细节效果如图 6.15 所示。

图 6.15　还原暗部细节效果

4. 巧妙地利用曲线

Photoshop 里有很多方法可以校正颜色，不妨试试用曲线命令去校正。首先，新建一个曲线调整层，将其图层混合模式设置为【颜色】，这样调整就不会影响图像的色调值，利用曲线调整效果如图 6.16 所示。

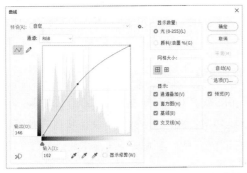

图 6.16　利用曲线调整效果

5. 历史提示文档

在修一组图像的时候，为了图像的统一性，往往修每一张图的步骤大致要做到一样。突然忘了步骤怎么办的时候，历史记录状态就派上用场了。它与动作功能不同，它的作用相当于做笔记，帮助自己回忆起修图的一些步骤和细节。执行菜单栏中的【编辑】|【首选项】命令，在弹出的【首选项】对话框中选中性能，在右侧的【历史记录】中即可更改数值，历史提示文档操作效果如图 6.17 所示。

图 6.17 历史提示文档操作效果

6. 拼写检查

在用 Photoshop 做一些文字排版时，拼写检查功能可以帮你快速地找到不正确的词组并提供正确参考，比如说在商品图像上添加小段说明文字，此功能目前只能识别英文，执行菜单栏中的【编辑】|【拼写检查】命令，弹出【拼写检查】对话框，如图 6.18 所示。

图 6.18 【拼写检查】对话框

7. 一键关闭所有图像

修完图，面对窗口里很多张素材，要一张张关闭太浪费时间。其实只需要按住 Shift 键，单击任何一张图片的关闭按钮，就能一键关闭所有图片了，或者可以执行菜单栏中的【文件】|【关闭全部】命令，也可以一键关闭所有图像。

6.6 调色遵循原则

调色的本质是使商品更加美观，要增加红色那就需要增加洋红和黄色，减少青色，绿色的互补色是洋红，绿色的变化与黄色和青色、洋红相关，需要增加绿色就需要增加青色和黄色，减少洋红，蓝色的互补色是黄色，蓝色的变化与青色和洋红、黄色相关，比如要增加蓝色就需要增加洋红和青色，减少黄色。

1. 确定一种主色

在调色的时候要确定一个主色调，可以从不同色系中来选择一种适合店铺产品或者行业的色彩，选出一种颜色作为主色调，然后调整其透明度或者饱和度，通俗来讲，就是将色彩加深或减淡，产生新的色彩，这样看起来色彩统一，有层次感，调色效果如图 6.19 所示。

图 6.19　调色效果

2. 选择辅助色彩

找到一种基于第一个主色调的对比色，比如，在黑板上写黑色的字，是无法看到的，但是写白色的字，就可以看到，黑色和白色就是对比色，辅助色彩效果如图 6.20 所示。

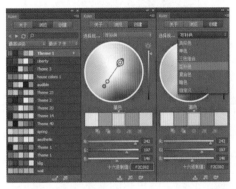

图 6.20　辅助色彩效果

3. 组合同一个色系

组合同一个色系，简单地说就是用同一种感觉的色彩，例如，淡蓝色、淡黄色、淡绿色，或者土黄色、土灰色、土蓝色。在实际应用中，同一色系的配色要领就是只要保证亮度不变，色相就可以任意调节，这样就可以调出同一种感觉的色彩，同一色系的色盘如图 6.21 所示。

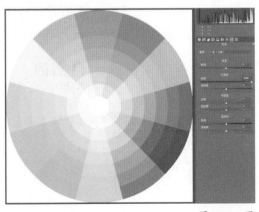
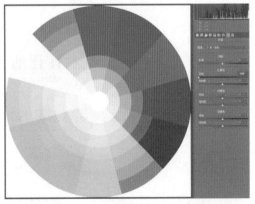

图 6.21　同一色系的色盘

4. 对比色调配色

对比色调配色指的是两个或两个以上的色调搭配在一起的配色。对比色调配色在配色选择时，会因横向或纵向而有明度和纯度上的差异，对比色调因为色彩的特征差异，能造成鲜明的视觉对比，有一种"相映"或"相拒"的力量使之平衡，因而能产生对比调和感，对比色调配色效果如图 6.22 所示。

图 6.22　对比色调配色

6.7　调色中的色彩与心理学

色彩是由光的刺激而产生的一种现象，光是发生的原因，色是感觉的结果，即光线—物体—眼睛这样一个过程。认识各种不同的色彩，最基本的前提是必须了解色彩的基本要素。每一种色彩都具有三种重要的性质，即色相、明度及纯度，即色彩的三要素。两种以上色彩组合后，由于色相差别而形成的色彩对比效果称为色相对比，它是色彩对比的一个基本方面，其对比强弱程度取决于色相之间在色相环上的距离（角度），距离（角度）越小对比越弱，反之则对比越强。从冷暖感知角度来讲，色彩本身并无冷暖的温度差别，是视觉色彩引起人们的心理联想，进而产生冷暖感觉。暖色：人们见到红、红橙、橙、黄橙、黄、棕等色后，会联想到太阳、火焰、热血等物象，产生温暖、热烈、豪放、危险等感觉。冷色：见到绿、蓝、紫等色后，则会联想到天空、冰雪、海洋等物象，产生寒冷、开阔、理智、平静等感觉。常见的色彩与心理如图 6.23 所示。

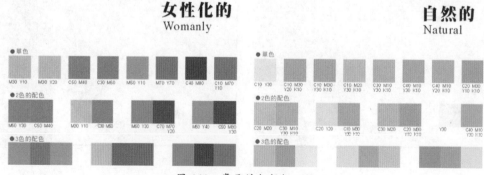

图 6.23　常见的色彩与心理

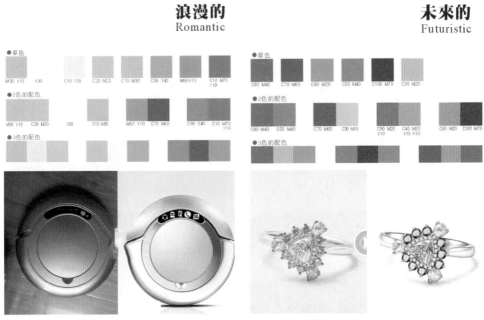

图 6.23 常见的色彩与心理（续）

6.8 为糖果包装更换颜色

 实例分析

本例讲解为糖果包装更换颜色，只需要一个命令与图层蒙版相结合即可完成更换颜色操作，更换颜色对比效果如图 6.24 所示。

难度：☆☆
素材文件：调用素材 \ 第 6 章 \ 糖果 .jpg
案例文件：源文件 \ 第 6 章 \ 为糖果包装更换颜色 .psd
视频文件：视频教学 \ 第 6 章 \6.8 为糖果包装更换颜色 .mp4

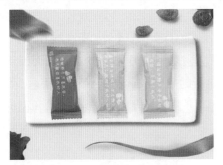

图 6.24 更换颜色对比效果

STEP 01 执行菜单栏中的【文件】|【打开】命令，选择 "糖果 .jpg" 文件，并将其打开。

STEP 02 在【图层】面板中，单击面板底部的【创建新的填充或调整图层】按钮 ⊘，在弹出的快捷菜单中选择【色相/饱和度】命令，在弹出的面板中将【色相】更改为 –180，如图 6.25 所示。

STEP 03 选择工具箱中的【魔棒工具】 ，在图像中最左侧糖果包装上单击将其选取，执行菜单栏中的【选择】|【反选】命令，将选区反向选择，将选区填充为黑色，将部分图形隐藏，完成之后按 Ctrl+D 组合键将选区取消，这样就

完成了调色操作，最终效果如图 6.26 所示。

图 6.25　更改色相

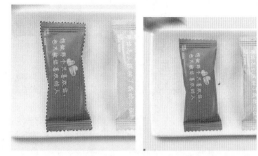

图 6.26　最终效果

6.9　调出可爱茶杯效果

实例分析

本例讲解调出可爱茶杯效果，利用简单的图层混合模式提升商品图像的亮度同时加强其美感，即可完成效果制作，最终效果如图 6.27 所示。

难度：☆☆
素材文件：调用素材＼第 6 章＼卡通茶杯 .jpg
案例文件：源文件＼第 6 章＼调出可爱茶杯效果 .psd
视频文件：视频教学＼第 6 章＼6.9　调出可爱茶杯效果 .mp4

图 6.27　最终效果

STEP 01 执行菜单栏中的【文件】|【打开】命令，选择"卡通茶杯 .jpg"文件，并将其打开。

STEP 02 按 Ctrl+Alt+2 组合键将图层中高光区域载入选区，执行菜单栏中的【选择】|【反选】命令将选区反向，如图 6.28 所示。

图 6.28　载入选区并反选

技巧

按 Ctrl+Shift+I 组合键可快速执行【反选】命令。

STEP 03 执行菜单栏中的【图层】|【新建】|【通过拷贝的图层】命令，此时将生成一个【图层 1】图层。

STEP 04 选中【图层 1】图层，将其图层混合模式设置为【滤色】效果如图 6.29 所示。

STEP 05 在【图层】面板中，单击面板底部的【创建新的填充或调整图层】按钮，在弹出的快捷菜单中选择【曲线】命令，在弹出的【属性】面板中调整曲线，增强图像亮度及对比度，效果如图 6.30 所示。

图 6.29　完成调色后的效果

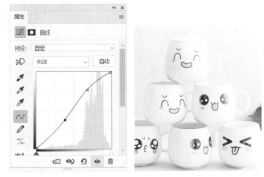

图 6.30　调整曲线后的效果

6.10 使女式 T 恤更加亮丽

 实例分析

本例讲解使女式 T 恤更加亮丽，主要用到【可选颜色】命令即可完成效果制作，最终效果如图 6.31 所示。

难度：☆☆
素材文件：调用素材＼第 6 章＼T 恤.jpg
案例文件：源文件＼第 6 章＼使女式 T 恤更加亮丽.psd
视频文件：视频教学＼第 6 章＼6.10　使女式 T 恤更加亮丽.mp4

图 6.31　最终效果

STEP 01 执行菜单栏中的【文件】|【打开】命令，选择"T 恤.jpg"文件，并将其打开。

STEP 02 在【图层】面板中，单击面板底部的【创建新的填充或调整图层】按钮，在弹出的快捷菜单中选择【可选颜色】命令，在弹出的面板中选择【洋红】通道，将【青色】更改为 -100，

【洋红】更改为 +100，【黄色】更改为 -100，【黑色】更改为 -100，如图 6.32 所示。

图 6.32　调整洋红通道

STEP 03 选择【红色】通道，将【洋红】更改为 +100，如图 6.33 所示。

STEP 04 选择工具箱中的【画笔工具】，在画布中单击鼠标右键，在弹出的面板中选择一种圆角笔触，将【大小】更改为 80 像素，【硬度】更改为 0。

图 6.33　调整红色通道

STEP 05 单击【选取颜色 1】调整图层蒙版缩览图，在图像中除 T 恤之外的区域涂抹，将多余的调整效果隐藏，效果如图 6.34 所示。

图 6.34　涂抹后的效果

6.11　更改科技童车颜色

📖 实例分析

　　本例讲解更改科技童车颜色，只需使用【色相/饱和度】命令即可完美地更改颜色，完成效果制作，最终效果如图 6.35 所示。

难度：☆☆
素材文件：调用素材\第 6 章\科技童车.jpg
案例文件：源文件\第 6 章\更改科技童车颜色.psd
视频文件：视频教学\第 6 章\6.11　更改科技童车颜色.mp4

图 6.35　最终效果

STEP 01 执行菜单栏中的【文件】|【打开】命令，选择"科技童车.jpg"文件，并将其打开。

STEP 02 在【图层】面板中，单击面板底部的【创建新的填充或调整图层】按钮 ◑，在弹出的快捷菜单中选择【色相/饱和度】命令，在弹出的面板中选择【红色】通道，将【色相】更改为 +180，【饱和度】更改为 -32，如图 6.36

所示，这样就完成了更改颜色的操作。

图 6.36　调整色相及效果

> 提示
>
> 　　在对背景颜色比较复杂的图像进行更换颜色操作时，由于童车之外的区域在一定程度上会受影响，所以尽量利用【画笔工具】及蒙版功能将多余的调整效果隐藏。

6.12　更改键盘背光颜色

实例分析

本例讲解更改键盘背光颜色，本例在调色过程中首先将原本的颜色提取出来，并为其创建选区后添加多彩渐变叠加效果，再对其进行修饰即可完成效果制作，最终效果如图 6.37 所示。

难度：☆☆
素材文件：调用素材 \ 第 6 章 \ 背光键盘 .jpg
案例文件：源文件 \ 第 6 章 \ 更改键盘背光颜色 .psd
视频文件：视频教学 \ 第 6 章 \6.12　更改键盘背光颜色 .mp4

图 6.37　最终效果

STEP 01 执行菜单栏中的【文件】|【打开】命令，选择"背光键盘 .jpg"文件，并将其打开。

STEP 02 选择工具箱中的【魔棒工具】，在选项栏中将【容差】更改为 100，取消勾选【连续】复选框，在图像中键盘蓝色灯光位置单击选取图像，如图 6.38 所示。

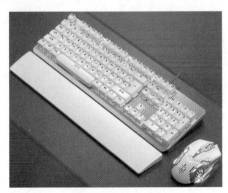

图 6.38　选取图像

STEP 03 执行菜单栏中的【图层】|【新建】|【通过拷贝的图层】命令，此时将生成一个【图层 1】图层。

STEP 04 在【图层】面板中，选中【图层 1】图层，单击面板上方的【锁定透明像素】按钮，将透明像素锁定，将图像填充为白色，填充完成之后再次单击此按钮将其解除锁定，如图 6.39 所示。

图 6.39　锁定透明像素并填充颜色

STEP 05 在【图层】面板中，选中【图层 1】图层，单击面板底部的【添加图层样式】按钮，在弹出的快捷菜单中选择【渐变叠加】命令，在弹出的【图层样式】对话框中，将【渐变】更改为彩色渐变，完成之后单击【确定】按钮，如图 6.40 所示。

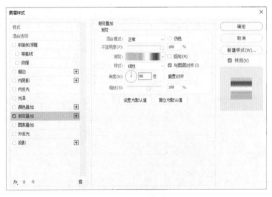

图 6.40　设置渐变叠加

提示

在设置渐变时可随意添加色标，尽量添加高亮的浅色。

STEP 06 在【图层 1】图层名称上单击鼠标右键，在弹出的快捷菜单中选择【栅格化图层样式】命令，如图 6.41 所示。

STEP 07 执行菜单栏中的【滤镜】|【模糊】|【高斯模糊】命令，在弹出的对话框中单击【栅格化】按钮，然后在弹出的对话框中将【半径】更改为 3 像素，完成之后单击【确定】按钮，如图 6.42所示。

图 6.41 栅格化图层样式　图 6.42 添加高斯模糊

STEP 08 在【图层】面板中，选中【图层 1】图层，将其图层混合模式设置为【变亮】，如图 6.43 所示。

图 6.43 更改图层混合模式

STEP 09 在【图层】面板中，选中【图层 1】图层，将其拖曳至面板底部的【创建新图层】按钮⊞上，复制一个【图层 1 拷贝】图层，效果如图 6.44 所示。

图 6.44 复制图层后的效果

6.13 调出品质电水壶效果

 实例分析

本例讲解调出品质电水壶效果，首先提升商品图的亮度，再通过调整及修复颜色完成效果制作，最终效果如图 6.45 所示。

难度：☆☆
素材文件：调用素材 \ 第 6 章 \ 电水壶 .jpg
案例文件：源文件 \ 第 6 章 \ 调出品质电水壶效果 .psd
视频文件：视频教学 \ 第 6 章 \6.13　调出品质电水壶效果 .mp4

图 6.45　最终效果

STEP 01 执行菜单栏中的【文件】|【打开】命令，选择"电水壶 .jpg"文件，并将其打开。

STEP 02 在【图层】面板中，单击面板底部的【创建新的填充或调整图层】按钮，在弹出的快捷菜单中选择【色阶】命令，在出现的面板中将其数值更改为（20，1.00，220），如图 6.46 所示。

图 6.46　调整色阶

STEP 03 单击面板底部的【创建新的填充或调整图层】按钮，在弹出的快捷菜单中选择【色相/饱和度】命令，在出现的面板中将【饱和度】更改为 +30，如图 6.47 所示。

图 6.47　更改饱和度

STEP 04 在【图层】面板中，单击面板底部的【创建新图层】按钮，新建一个【图层 1】图层。

STEP 05 选中【图层 1】图层，按 Ctrl+Alt+Shift+E 组合键盖印可见图层。

STEP 06 执行菜单栏中的【滤镜】|【杂色】|【减少杂色】命令，在弹出的【减少杂色】对话框中将【强度】更改为 10，【保留细节】更改为 60，【减少杂色】更改为 50，【锐化细节】更改为 30，完成之后单击【确定】按钮，如图 6.48 所示。

图 6.48　设置减少杂色

STEP 07 选择工具箱中的【钢笔工具】，在选项栏中单击【选择工具模式】 路径 按钮，在弹出的选项中选择【形状】，将【填充】更改为白色，将【描边】更改为无。

STEP 08 在左侧电水壶身位置绘制一个不规则图形，将生成一个【形状 1】图层，如图 6.49 所示。

图 6.49　绘制图形

STEP 09 在【图层】面板中，选中【形状 1】图层，单击面板底部的【添加图层蒙版】按钮，为其添加图层蒙版，如图 6.50 所示。

STEP 10 选择工具箱中的【渐变工具】■，编辑黑色到白色的渐变，单击选项栏中的【线性渐变】按钮■，在图形上拖动将部分图像隐藏制作高光效果，如图 6.51 所示。

STEP 11 以同样方法在右侧电水壶位置制作相同的高光效果，如图 6.52 所示。

图 6.50　添加图层蒙版

图 6.51　制作高光效果

图 6.52　调整后的效果

6.14　调出质感手机壳效果

🔺 实例分析

本例讲解调出质感手机壳效果，首先提升图像整体的亮度，再利用减淡工具提升手机壳的亮度，即可完成效果制作，最终效果如图 6.53 所示。

难度：☆☆
素材文件：调用素材＼第 6 章＼手机壳 .jpg
案例文件：源文件＼第 6 章＼调出质感手机壳效果 .psd
视频文件：视频教学＼第 6 章＼6.14　调出质感手机壳效果 .mp4

图 6.53　最终效果

STEP 01 执行菜单栏中的【文件】|【打开】命令，选择"手机壳 .jpg"文件，并将其打开。

STEP 02 在【图层】面板中，单击面板底部的【创建新的填充或调整图层】按钮◎，在弹出的快捷菜单中选择【色阶】命令，在出现的面

板中将其数值更改为（0，1.18，226），如图 6.54 所示。

图 6.54　调整色阶

STEP 03 在【图层】面板中，单击面板底部的【创建新的填充或调整图层】按钮◎，在弹出的菜单中选择【自然饱和度】命令，在出现的

面板中将【自然饱和度】更改为 +60，【饱和度】
更改为 +20，如图 6.55 所示。

图 6.55　调整自然饱和度

STEP 04 在【图层】面板中，单击面板底部的
【创建新图层】按钮 ⊞，新建一个【图层 1】图层。

STEP 05 选中【图层 1】图层，按 Ctrl+Alt+
Shift+E 组合键盖印可见图层。

STEP 06 选择工具箱中的【减淡工具】 🔍，
在画布中单击鼠标右键，在弹出的面板中选择
一种圆角笔触，将【大小】更改为 300 像素，
【硬度】更改为 0%，在选项栏中将【曝光度】
更改为 30%，如图 6.56 所示。

STEP 07 在手机壳图像上涂抹增强其亮度，这
样就完成了效果制作，如图 6.57 所示。

图 6.56　设置笔触　　图 6.57　完成后的效果

6.15　为打印机精准换色

 实例分析

本例讲解为打印机精准换色，操作过程主要针对图像中打印机的主体颜色进行精准的更改，
最终效果如图 6.58 所示。

难度：☆☆
素材文件：调用素材 \ 第 6 章 \ 打印机 .jpg
案例文件：源文件 \ 第 6 章 \ 为打印机精准换色 .psd
视频文件：视频教学 \ 第 6 章 \6.15　为打印机精准换色 .mp4

图 6.58　最终效果

STEP 01 执行菜单栏中的【文件】|【打开】命令，
选择"打印机 .jpg"文件，并将其打开。

STEP 02 在【图层】面板中，单击面板底部的
【创建新的填充或调整图层】按钮 ◑，在弹出
的快捷菜单中选择【可选颜色】命令，在弹出
的面板中选择【红色】通道，将【青色】更改
为 +100，【洋红】更改为 +100，【黄色】更
改为 -100，如图 6.59 所示。

图 6.59　调整红色

STEP 03 选择【洋红】通道，将【青色】更改为-100，【洋红】更改为+100，【黑色】更改为+100，如图 6.60 所示。

图 6.60　调整洋红

STEP 04 在【图层】面板中，单击面板底部的【创建新的填充或调整图层】按钮，在弹出的菜单中选择【色阶】命令，在出现的面板中将数值更改为（4，1.34，228），如图 6.61所示。

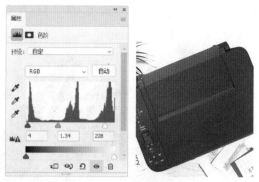

图 6.61　调整色阶

STEP 05 选择工具箱中的【画笔工具】，在画布中单击鼠标右键，在弹出的面板中选择一种圆角笔触，将【大小】更改为150像素，【硬度】更改为0。

STEP 06 将前景色更改为黑色，在图像上除打印机之外区域涂抹将其隐藏，这样就完成了换色操作，如图 6.62 所示。

图 6.62　完成后的效果

6.16　调出可爱毛绒玩具

实例分析

本例讲解调出可爱毛绒玩具，本例中的原图有些曝光不足，同时饱和度也欠佳，通过对图像进行调色并添加装饰效果完成整体效果制作，最终效果如图 6.63 所示。

难度：☆☆
素材文件：调用素材＼第 6 章＼毛绒玩具 .jpg
案例文件：源文件＼第 6 章＼调出可爱毛绒玩具 .psd
视频文件：视频教学＼第 6 章＼6.16　调出可爱毛绒玩具 .mp4

图 6.63　最终效果

STEP 01 执行菜单栏中的【文件】|【打开】命令，选择"毛绒玩具 .jpg"文件，并将其打开。

STEP 02 在【图层】面板中，单击面板底部的【创建新的填充或调整图层】按钮，在弹出的快捷菜单中选择【曲线】命令，在出现的面板中调整曲线提升图像亮度，如图 6.64 所示。

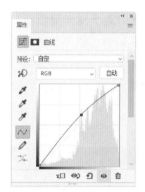

图 6.64　调整曲线

STEP 03 再次单击面板底部的【创建新的填充或调整图层】按钮，在弹出的快捷菜单中选择【色相/饱和度】命令，在出现的面板中将【饱和度】更改为 +17，如图 6.65 所示。

图 6.65　调整饱和度

STEP 04 在【图层】面板中，单击面板底部的【创建新图层】按钮，新建一个【图层 1】图层。

STEP 05 选中【图层 1】图层，按 Ctrl+Alt+Shift+E 组合键盖印可见图层。

STEP 06 按 Ctrl+Alt+2 组合键将图层中高光区域载入选区，执行菜单栏中的【选择】|【反选】命令将选区反向，如图 6.66 所示。

图 6.66　载入选区并反选

STEP 07 执行菜单栏中的【图层】|【新建】|【通过拷贝的图层】命令，此时将生成一个【图层 2】图层。

STEP 08 将【图层 2】图层混合模式设置为【滤色】，如图 6.67 所示。

图 6.67　更改图层混合模式

STEP 09 在【图层】面板中，选中【图层 2】图层，单击面板底部的【添加图层蒙版】按钮，为其添加图层蒙版。

STEP 10 选择工具箱中的【画笔工具】，在画布中单击鼠标右键，在弹出的面板中选择一种圆角笔触，将【大小】更改为 300 像素，【硬度】更改为 0，如图 6.68 所示。

STEP 11 将前景色更改为黑色，在图像玩具区域涂抹将其隐藏，如图 6.69 所示。

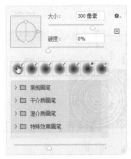

图 6.68　设置笔触　　　图 6.69　隐藏图像

只保留右上角高光区域，效果如图 6.71 所示。

图 6.70　更改图层混合模式

STEP 12 在【图层】面板中，单击面板底部的【创建新的填充或调整图层】按钮◉，在弹出的快捷菜单中选择【可选颜色】命令，在出现的对话框中将颜色更改为浅红色（R：255，G：218，B：227）。

STEP 13 在【图层】面板中，选中【颜色填充1】图层，将其图层混合模式设置为【滤色】，如图 6.70 所示。

STEP 14 选择工具箱中的【渐变工具】▭，编辑黑色到白色的渐变，单击选项栏中的【线性渐变】按钮▭，在图像上拖动将部分图像隐藏，

图 6.71　完成后的效果

6.17　拓展训练

本节为读者安排了 3 个调色练习题，通过这 3 个练习题，学习调整色调的方法，掌握经典主流色调的调整技巧。

训练 6-1　校正偏色童鞋

 实例分析

本例练习校正偏色童鞋调色，儿童类商品的色彩通常比较鲜艳、漂亮、活泼，但色彩不会过重，整体的色调以舒适为主。本例中的原图色彩明显偏蓝，通过校正颜色并适当降低部分颜色的饱和度可以达到完美的色彩效果。最终效果如图 6.72 所示。

难度：☆☆
素材文件：调用素材 \ 第 6 章 \ 偏色童鞋 .jpg
案例文件：源文件 \ 第 6 章 \ 校正偏色童鞋 .psd
视频文件：视频教学 \ 第 6 章 \ 训练 6-1　校正偏色童鞋 .mp4

图 6.72 最终效果

步骤分解图如图 6.73 所示。

图 6.73 步骤分解图

训练 6-2 调出质感高贵的皮具手包效果

实例分析

本例练习经典皮具手包的调色，皮具类商品在淘宝店铺中十分常见，皮具的调色十分重要，它直接决定了顾客对产品的第一印象，通常以质感为代表，在本例中校正图像颜色的同时增加整体的质感使最终效果相当出色。最终效果如图 6.74 所示。

难度：☆☆☆
素材文件：调用素材\第6章\皮具手包.jpg
案例文件：源文件\第6章\经典皮具手包.psd
视频文件：视频教学\第6章\训练6-2 调出质感高贵的皮具手包效果.mp4

图 6.74 最终效果

步骤分解图如图 6.75 所示。

图 6.75　步骤分解图

训练 6-3　利用【通道】调出双色 polo 衫效果

📖 **实例分析**

本例练习调出双色 polo 衫效果，polo 衫是一种常见的服装，漂亮的颜色对于销量十分重要，它直接决定了顾客对产品的第一印象。在本例中校正图像颜色的同时增加了整体的质感，使商品的最终效果相当出色。最终效果如图 6.76 所示。

难度：☆☆
素材文件：调用素材 \ 第 6 章 \polo 衫.jpg
案例文件：源文件 \ 第 6 章 \ 双色 polo 衫.psd
视频文件：视频教学 \ 第 6 章 \ 训练 6-3　利用【通道】调出双色 polo 衫效果.mp4

图 6.76　最终效果

步骤分解图如图 6.77 所示。

图 6.77　步骤分解图

第7章
CHAPTER SEVEN
店铺商品美化的秘诀

❧ **内容摘要**

　　本章讲解店铺商品美化的秘诀，任何一件上架的商品都需要经过调整、美化、修饰等操作以达到完美的视觉效果，只有这样才可以让顾客有强烈的驻足欲望，以此来提升店铺的销量。本章讲解了多种不同类别的商品美化实例操作，从基础的缩小尺寸、突出商品及校正倾斜图像，到为商品制作投影、阴影以及为商品添加对应的装饰，处处体现出商品美化的重点，通过不同的制作思路以达到完美的商品美化效果。通过对本章的学习，可以掌握常见的商品美化技法，从而提升对美化的认知。

❧ **教学目标**

- 学习为什么要美化商品
- 了解美化商品带来的效果
- 学习如何有针对性地进行美化
- 了解常见的美化手法
- 学习店铺商品常用美化技法

❧ **佳作欣赏**

7.1 为什么要美化商品

店铺商品在拍摄的时候由于角度及反光等使拍摄出来的效果不是很理想，同时也会影响销量，所以必须经过专业美工进行美化。通常在美化的时候先把产品调正，然后用通道等提取表面的印刷文案，根据源素材明暗等用手工画出高光及暗部，局部再增加一点细节纹理即可。电商美化商品前后对比效果如图 7.1 所示。

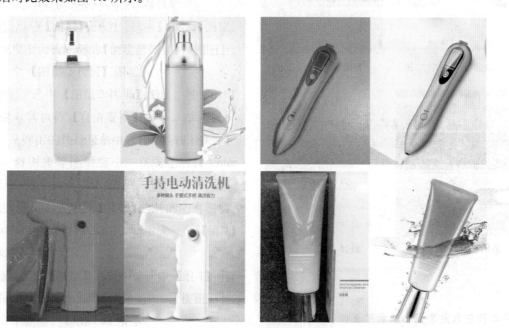

图 7.1　电商美化商品前后对比效果

7.2 美化商品带来的效果

美化商品可以增加商品的视觉吸引力，同时使原本暗淡无奇的商品显得更加光彩夺目，给顾客一种赏心悦目的视觉效果。美化商品可以使商品的图像更加美观，从而激发顾客的购买欲望提升销量，美化商品的效果如图 7.2 所示。

图 7.2　美化商品的效果

7.3 美化商品的一般步骤

美化商品的步骤，一般来说，首先调整色阶、饱和度等基础操作，再通过锐化或者去除多余元素进行最终的美化即可。

光滑细腻其实更多的是通过摄影的布光体现出来的。一般白色的鞋子可以用黑色的背景，然后配合顺光（在物体上方，并进行柔光处理，光源色为白色或黄色）进行拍摄。

可以用计算命令，图层都选背景，通道选择灰度，其中一个选择方向，这样可以选出中间调的通道。通过添加调整色阶命令，调整中间调的色阶，使中间调稍微增亮。新建另一个通道，两个通道都选方向，这样可以选择暗调部分。然后用同样方法，增加暗调的亮度。不要太过，否则不自然。然后用减淡工具，流量调到10%，对白色或银色的亮光部分，或者想突出的部分进行涂抹，常见的美化效果如图7.3所示。

★ 拿到图片后第一步是调整色阶，将照片的色阶拉平一些，然后观察直方图，根据图片的特点用曲线或色阶工具微调。

★ 调整饱和度，一般来说，暖色系图片适合增加一些饱和度，而冷色系图片适合降低一些明度，这样会使整个图片看起来自然一些。如果图片出现色偏，比如拍摄的时候白平衡不对，还要通过曲线工具对RGB通道进行微调。

★ 调整可选颜色工具或色彩平衡工具，为商品进行细微润色，使色彩更亮丽。

★ 锐化部分，有些人喜欢锐化明度，具体方法就是先将图片改成Lab通道模式，然后对其明度进行些许USM锐化。有些人喜欢用高反差保留滤镜提取轮廓后并结合柔光的图层混合模式锐化轮廓。但总体锐化原则是稍微突出细节。

★ 如果有模特的图片，还要对模特进行磨皮处理。这里提供最简单的方法：新建图层后高斯模糊，值为10左右。然后建立新的图片快照。换回原图片快照用历史记录画笔在模特裸露皮肤处涂抹，使其皮肤光滑。然后调用减淡模式，画笔流量为10%左右。对模特皮肤的高光处进行涂抹，使皮肤更自然。

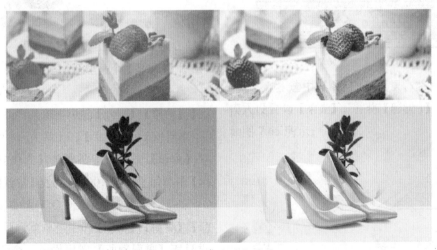

图 7.3 常见美化效果

7.4 如何有针对性地进行美化

商品的美化首先要以美观为第一位，所以在美化过程中，拿到商品图像首先要观察商品图像缺少什么元素，又或者有什么样的瑕疵，比如缺少高光、过于暗淡、没有倒影等，通过美化可以为其弥补相应的瑕疵或者缺点以此来获得最好的效果，针对性美化前后对比效果如图 7.4 所示。

图 7.4　针对性美化前后对比效果

7.5 常见的美化手法

美化手法分为很多种，其中最为重要的是如何通过有针对性的手法对真正需要美化的商品图像进行美化，比如为毛绒玩具添加趣味对话、为包包添加水印、调整商品图像的标签效果、使衣服更加可爱、去除商品图像的拍摄瑕疵、为玩具熊添加可爱文字等，效果如图 7.5 所示。

图 7.5　添加可爱文字效果

7.6　商品美化过程中的要点

在美化过程中需要注意细节、配色、元素组合等数个要点，通过把握商品美化的要点，以此来掌握美化的技法并且做到熟练地运用。比如为杯子图像添加可爱装饰元素效果如图 7.6 所示。

如果为商品图像添加元素，就需要注意元素的装饰与商品本身需要整体化，具体来说有以下几点。

★ 尽量做到浑然一体，切勿随意添加元素以免显得过于突兀。

★ 简约而不简单，搭配一流的网格、色彩，让顾客看到后有焕然一新的感觉。

★ 突出内容主题，减弱各种渐变、阴影、高光等真实视觉效果对用户视线的干扰，使信息传达更加简单、直观，缓解审美疲劳。

★ 合理地使用色彩调整命令，避免过度干预商品本身的色彩及质感。

图 7.6　添加可爱装饰元素效果

7.7　商品美化小技巧

在商品美化过程中使用一些小技巧可以达到事半功倍的效果，掌握这些小技巧不仅可以提升工作效率，还可以使整个商品的质感得到提升。

版权信息嵌入图片

为了避免被盗图，很多摄影师在发布作品前都会打上自己的水印，然而水印会影响商品的美观，甚至还可以被盗图者抹掉，因此它的使用具有一定的局限性。而保护版权的最好做法，是将版权信息嵌入到图片本身的元数据里，版权信息嵌入图片效果如图 7.7 所示。

图 7.7　将版权信息嵌入图片

双窗口监视图像

在修图过程中肯定会遇到以下情况，修细节时总是要不断放大缩小去观察图片，如果可以用两个窗口同时去监视同一张图片，就会使工作效率提高，双窗口监视图像效果如图 7.8 所示。

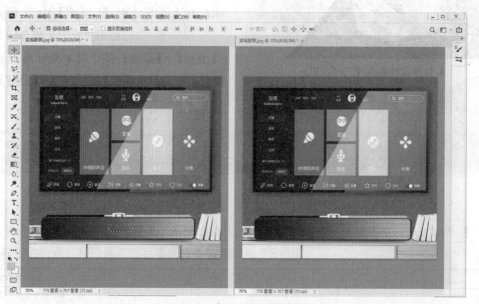

图 7.8　双窗口监视图像效果

7.8　快速修复污点图像

实例分析

商品在运输、拍摄等过程中有可能会沾到污点，这时就需要对其进行修复操作。本例讲解利用内容识别快速有效地将污点修复，最终效果如图 7.9 所示。

难度：☆☆
素材文件：调用素材＼第 7 章＼移动硬盘 .jpg
案例文件：源文件＼第 7 章＼快速修复污点图像 .jpg
视频文件：视频教学＼第 7 章＼7.8　快速修复污点图像 .mp4

图 7.9　最终效果

图 7.10　打开素材并绘制选区

STEP 01 执行菜单栏中的【文件】|【打开】命令，选择"移动硬盘 .jpg"文件，并将其打开。

STEP 02 选择工具箱中的【套索工具】，在图像中污点位置绘制选区将其选中，如图 7.10 所示。

STEP 03 执行菜单栏中的【编辑】|【填充】命令，在弹出的对话框中选择【使用】为内容识别，完成之后单击【确定】按钮，此时图像中污点将自动消失，完成之后按 Ctrl+D 组合键将选区取消，这样就完成修复污点图像操作，如图 7.11 所示。

图 7.11　修复污点后的效果

7.9　去除图像多余元素

 实例分析

　　本例讲解去除图像多余元素，利用修补工具将蛋糕盒上不需要的多余元素去除即可，最终效果如图 7.12 所示。

难度：☆☆
素材文件：调用素材＼第 7 章＼蛋糕盒 .jpg
案例文件：源文件＼第 7 章＼去除图像多余元素 .jpg
视频文件：视频教学＼第 7 章＼7.9　去除图像多余元素 .mp4

图 7.12　最终效果

STEP 01 执行菜单栏中的【文件】|【打开】命令，选择"蛋糕盒.jpg"文件，并将其打开。

STEP 02 选择工具箱中的【修补工具】，在图像中盒子多余元素位置绘制一个选区，将选区向右上方干净区域拖动自动修补完成，并将多余元素去除，如图 7.13 所示。

图 7.13　去除多余元素的操作

7.10　快速去除衣服污渍

🍁 **实例分析**

本例讲解快速去除衣服污渍，利用修补工具将污渍选取可直接进行去除，最终效果如图 7.14 所示。

难度：☆☆
素材文件：调用素材\第 7 章\羽绒服.jpg
案例文件：源文件\第 7 章\快速去除衣服污渍.jpg
视频文件：视频教学\第 7 章\7.10　快速去除衣服污渍.mp4

图 7.14　最终效果

STEP 01 执行菜单栏中的【文件】|【打开】命令，选择"羽绒服.jpg"文件，并将其打开。

STEP 02 选择工具箱中的【修补工具】，在衣服污渍位置绘制一个选区，将选区向左上方干净区域拖动自动修补完好，并将多余元素去除，如图 7.15 所示。

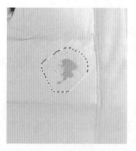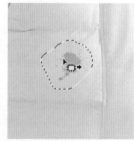

图 7.15　去除污渍的操作

7.11　校正偏色帽子

🍁 **实例分析**

本例讲解校正偏色帽子，本例中的帽子图像在拍摄过程中由于光线等原因造成偏色，通过简单的调色命令即可校正其偏色，最终效果如图 7.16 所示。

难度：☆☆
素材文件：调用素材 \ 第 7 章 \ 渔夫帽 .jpg
案例文件：源文件 \ 第 7 章 \ 校正偏色帽子 .psd
视频文件：视频教学 \ 第 7 章 \7.11　校正偏色帽子 .mp4

图 7.16　最终效果

STEP 01 执行菜单栏中的【文件】|【打开】命令，选择"渔夫帽 .jpg"文件，并将其打开。

STEP 02 在【图层】面板中，单击面板底部的【创建新的填充或调整图层】按钮◑，在弹出的快捷菜单中选择【可选颜色】命令，在弹出的面板中选择【黄色】通道，将【青色】更改为 -25，【洋红】更改为 -36，【黄色】更改为 -30，如图 7.17 所示。

图 7.17　调整可选颜色

STEP 03 单击面板底部的【创建新的填充或调整图层】按钮◑，在弹出的快捷菜单中选择【自然饱和度】命令，在弹出的面板中将【自然饱和度】更改为 +30，如图 7.18 所示。

图 7.18　增加自然饱和度

STEP 04 单击面板底部的【创建新的填充或调整图层】按钮◑，在弹出的快捷菜单中选择【曲线】命令，在弹出的面板中将调整曲线，增加图像亮度，如图 7.19 所示。

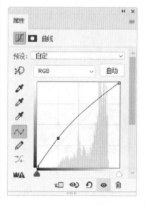

图 7.19　完成操作

7.12　轻松变换商品颜色

 实例分析

本例讲解轻松变换商品颜色，有时候上架的商品有多种颜色，每个商品都单独拍摄会很麻烦，通过调色命令可快速地变换商品颜色，最终效果如图 7.20 所示。

难度：☆☆	
素材文件：调用素材＼第7章＼日记本.jpg	
案例文件：源文件＼第7章＼轻松变换商品颜色.psd	
视频文件：视频教学＼第7章＼7.12 轻松变换商品颜色.mp4	

图 7.20　最终效果

STEP 01 执行菜单栏中的【文件】|【打开】命令，选择"日记本.jpg"文件，并将其打开。

STEP 02 在【图层】面板中，单击面板底部的【创建新的填充或调整图层】按钮，在弹出的快捷菜单中选择【色相/饱和度】命令，在弹出的面板中选择【红色】，将【色相】更改为＋170，【饱和度】更改为–22，如图 7.21 所示。

图 7.21　调整红色

STEP 03 选择【绿色】，将【饱和度】更改

为 –100，【明度】更改为＋100，如图 7.22 所示。

图 7.22　更改绿色

STEP 04 选择工具箱中的【画笔工具】，在画布中单击鼠标右键，在弹出的面板中选择一种圆角笔触，将【大小】更改为 120 像素，【硬度】更改为 0。

STEP 05 将前景色更改为黑色，在图像上除笔记本之外区域涂抹将部分颜色隐藏，如图 7.23 所示。

图 7.23　更换颜色后的效果

7.13 为电暖器添加发热效果

 实例分析

本例讲解为电暖器添加发热效果，在打开的电暖器图像上绘制图形并添加模糊效果后即可完成效果制作，最终效果如图 7.24 所示。

难度：☆☆	
素材文件：调用素材 \ 第 7 章 \ 电暖器 . jpg	
案例文件：源文件 \ 第 7 章 \ 为电暖器添加发热效果 . psd	
视频文件：视频教学 \ 第 7 章 \7.13 为电暖器添加发热效果 . mp4	

图 7.24 最终效果

STEP 01 执行菜单栏中的【文件】|【打开】命令，选择"电暖器 .jpg"文件，并将其打开。

STEP 02 选择工具箱中的【圆角矩形工具】◻，在选项栏中将【填充】更改为橙色（R：255，G：186，B：0），【描边】为无，【半径】为10 像素，绘制一个圆角矩形，将生成一个【圆角矩形 1】图层，效果如图 7.25 所示。

图 7.25 绘制图形

STEP 03 选中【圆角矩形 1】图层，执行菜单栏中的【滤镜】|【模糊】|【高斯模糊】命令，在弹出的【高斯模糊】对话框中将【半径】更改为 40 像素，完成之后单击【确定】按钮，如图 7.26 所示。

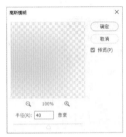

图 7.26 添加高斯模糊

STEP 04 在【图层】面板中，选中【圆角矩形 1】图层，将其图层混合模式设置为【亮光】，这样就完成了美化操作，最终效果如图 7.27 所示。

图 7.27 最终效果

7.14 为 U 盘添加容量标识

 实例分析

本例讲解为 U 盘添加容量标识，本例中的商品图像是一副 U 盘，通过为其添加容量标识可以很好地表现出商品的特征，最终效果如图 7.28 所示。

难度：☆☆☆	
素材文件：调用素材＼第 7 章＼U 盘 .jpg	
案例文件：源文件＼第 7 章＼为 U 盘添加容量标识 .psd	
视频文件：视频教学＼第 7 章＼7.14　为 U 盘添加容量标识 .mp4	

图 7.28　最终效果

STEP 01 执行菜单栏中的【文件】|【打开】命令，选择"U 盘 .jpg"文件，并将其打开。

STEP 02 选择工具箱中的【横排文字工具】**T**，添加文字，如图 7.29 所示。

图 7.29　添加文字

STEP 03 在文字图层名称上右击鼠标，从弹出的快捷菜单中选择【转换为形状】命令，在画布中按 Ctrl+T 组合键对文字执行【自由变换】命令，单击鼠标右键，从弹出的快捷菜单中选择【扭曲】命令，拖动变形框控制点将图像变形，完成之后按 Enter 键确认，如图 7.30 所示。

STEP 04 在【图层】面板中，选中 256GB 图层，单击面板底部的【添加图层样式】按钮 fx，在弹出的快捷菜单中选择【渐变叠加】命令，在弹出的【图层样式】对话框中，将【渐变】更改为浅红色（R：255，G：242，B：240）到浅

红色（R：252，G：179，B：162），【角度】更改为 50，如图 7.31 所示。

图 7.30　将文字变形

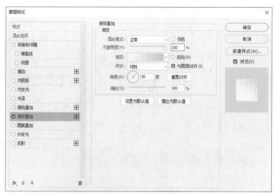

图 7.31　设置渐变叠加

STEP 05 勾选【斜面和浮雕】复选框，将【大小】更改为 1 像素，取消勾选【使用全局光】复选框，【角度】更改为 90，【光泽等高线】更改为半圆，【高光模式】更改为【叠加】，【不透明度】更改为 38%，【阴影模式】中的【不透明度】更改为 50%，完成之后单击【确定】按钮，最终效果如图 7.32 所示。

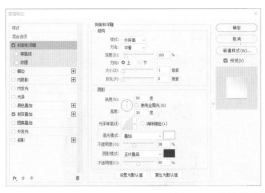

图 7.32 【图层样式】对话框及最终效果

7.15 为电风扇添加转动效果

实例分析

本例讲解为电风扇添加转动效果，本例的制作分为两部分，首先制作出转动的图像效果，再将转动图像效果与风扇相结合完成制作，最终效果如图 7.33 所示。

难度：☆☆☆
素材文件：调用素材 \ 第 7 章 \ 电风扇 .jpg
案例文件：源文件 \ 第 7 章 \ 为电风扇添加转动效果 .psd
视频文件：视频教学 \ 第 7 章 \7.15 为电风扇添加转动效果 .mp4

图 7.33 最终效果

STEP 01 执行菜单栏中的【文件】|【打开】命令，选择"电风扇 .jpg"文件，并将其打开。

STEP 02 在【图层】面板中，单击面板底部的【创建新图层】按钮，新建一个【图层 1】图层，将其填充为白色。

STEP 03 执行菜单栏中的【滤镜】|【杂色】|【添加杂色】命令，在弹出的【添加杂色】对话框中，选中【平均分布】单选按钮，勾选【单色】复

选框，将【数量】更改为 400%，完成之后单击【确定】按钮，如图 7.34 所示。

图 7.34 添加杂色

STEP 04 执行菜单栏中的【滤镜】|【模糊】|【径向模糊】命令，在弹出的【径向模糊】对话框中将【数量】更改为 100，分别选中【旋转】和【最好】单选按钮，设置完成之后单击【确定】按钮，如图 7.35 所示。

图 7.35　设置径向模糊

STEP 05 按 Ctrl+Alt+F 组合键两次，重复执行【径向模糊】命令，如图 7.36 所示。

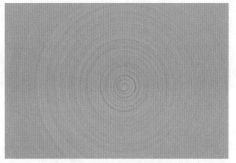

图 7.36　重复执行命令

STEP 06 执行菜单栏中的【图像】|【调整】|【色阶】命令，在弹出的【色阶】对话框中将其数值更改为（136，1，160），完成之后单击【确定】按钮，如图 7.37 所示。

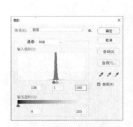

图 7.37　调整色阶

STEP 07 选中【图层 1】图层，将其图层混合模式设置为【滤色】，效果如图 7.38 所示。

图 7.38　设置图层混合模式

STEP 08 在画布中按 Ctrl+T 组合键对其执行【自由变换】命令，将图像等比例缩小，完成之后按 Enter 键确认，再将旋转中心移至风扇中心位置，效果如图 7.39 所示。

图 7.39　缩小图像

STEP 09 选择工具箱中的【椭圆选框工具】◯，以风扇中心为起点绘制一个正圆选区，如图 7.40 所示。

STEP 10 执行菜单栏中的【选择】|【反选】命令将选区反向，按 Delete 键将选区中图像删除，完成之后按 Ctrl+D 组合键将选区取消，效果如图 7.41 所示。

图 7.40　绘制选区　　　图 7.41　删除图像

STEP 11 选择工具箱中的【椭圆选框工具】◯，在风扇中心位置绘制一个正圆，将中间黑色区域选取，按 Delete 键将选区中图像删除，完成之后按 Ctrl+D 组合键将选区取消，效果如图 7.42 所示。

STEP 12 单击面板底部的【创建新的填充或调整图层】按钮●，在弹出的快捷菜单中选择【色相/饱和度】命令，在出现的面板中勾选【着色】复选框，将【色相】更改为 128，将【饱和度】更改为 36，并单击面板底部的【此调整影响下面的所有图层】按钮↴□，如图 7.43 所示。

图 7.42　删除图像

图 7.43　设置色相 / 饱和度及完成效果

7.16　更改音箱商标位置

 实例分析

本例讲解更改音箱商标位置，使用内容感知移动工具即可完成操作，其功能十分强大，可以去除不需要的图像部分，同时还可以将部分图像区域移动，最终效果如图 7.44 所示。

难度：☆☆
素材文件：调用素材 \ 第 7 章 \ 音箱 .jpg
案例文件：源文件 \ 第 7 章 \ 更改音箱商标位置 .jpg
视频文件：视频教学 \ 第 7 章 \7.16　更改音箱商标位置 .mp4

图 7.44　最终效果

STEP 01 执行菜单栏中的【文件】|【打开】命令，选择"音箱 .jpg"文件，并将其打开。

STEP 02 选择工具箱中的【内容感知移动工具】，在音箱商标位置绘制一个选区以选中商标，如图 7.45 所示。

STEP 03 将选区拖曳至音箱右下角位置，这样就完成了美化操作，更改位置后的效果如图 7.46 所示。

图 7.45　绘制选区

图 7.46　更改位置后的效果

技巧

在创建选区的时候可以使用任意一种选区工具创建选区，创建选区之后再选择【内容感知移动工具】🗶拖动选区即可完成更改商标位置操作，此种方法在选取规则图像区域时尤为方便。

7.17 美化手机摄像头

实例分析

本例讲解美化手机摄像头，本例中的手机摄像头位置有些暗淡，通过绘制图形并添加光效使得整个手机品质提升档次，最终效果如图 7.47 所示。

难度：☆☆☆
素材文件：调用素材 \ 第 7 章 \ 手机 .jpg
案例文件：源文件 \ 第 7 章 \ 美化手机摄像头 .psd
视频文件：视频教学 \ 第 7 章 \7.17 美化手机摄像头 .mp4

图 7.47 最终效果

STEP 01 执行菜单栏中的【文件】|【打开】命令，选择"手机 .jpg"文件，并将其打开。

STEP 02 选择工具箱中的【椭圆工具】◯，在选项栏中将【填充】更改为白色，【描边】为无，在手机左上角摄像头位置按住 Shift 键绘制一个正圆，将生成一个【椭圆 1】图层，效果如图 7.48 所示。

STEP 03 在【图层】面板中，选中【椭圆 1】图层，单击面板底部的【添加图层样式】按钮 fx，在弹出的快捷菜单中选择【渐变叠加】命令，在弹出的【图层样式】对话框中将【渐变】

更改为黑色到灰色（R：122，G：122，B：122)，如图 7.49 所示。

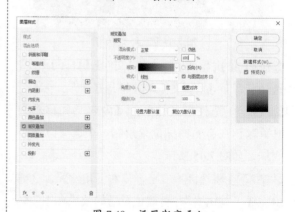

图 7.48 绘制正圆

图 7.49 设置渐变叠加

STEP 04 勾选【外发光】复选框，将【混合模式】更改为【正常】，【颜色】更改为蓝色（R：42，G：0，B：255），【不透明度】更改为100%，完成之后单击【确定】按钮，如图 7.50 所示。

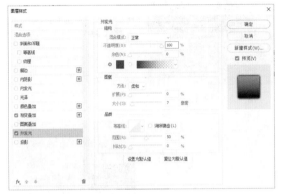

图 7.50 设置外发光

STEP 05 选择工具箱中的【画笔工具】，在画布中单击鼠标右键，在弹出的面板中选择一种圆角笔触，将【大小】更改为 40 像素，【硬度】更改为 25%，如图 7.51 所示。

图 7.51 设置笔触

STEP 06 单击面板底部的【创建新图层】按钮，新建一个【图层 1】图层。

STEP 07 将前景色更改为蓝色（R：6，G：0，B：255），在图像上刚刚绘制的椭圆右上角位置单击添加颜色，效果如图 7.52 所示。

STEP 08 单击面板底部的【创建新图层】按钮，新建一个【图层 2】图层。

STEP 09 将前景色更改为白色，并适当降低笔触大小，在刚刚添加的蓝色图像上再次单击添加白色图像，效果如图 7.53 所示。

图 7.52 添加颜色

图 7.53 添加颜色

STEP 10 同时选中【图层 1】及【图层 2】图层，按 Ctrl+E 组合键将其合并，此时将生成一个【图层 2】图层，如图 7.54 所示。

图 7.54 合并图层

STEP 11 按住 Ctrl 键单击【椭圆 1】图层缩览图，将其载入选区，执行菜单栏中的【选择】|【反选】命令将选区反向，选中【图层 2】图层，按 Delete 键将选区中图像删除，完成之后按 Ctrl+D 组合键将选区取消，效果如图 7.55 所示。

图 7.55　载入选区并删除图像

STEP 12 在【图层】面板中，选中【图层2】图层，将其拖曳至面板底部的【创建新图层】按钮 ⊞ 上，复制一个【图层2拷贝】图层。

STEP 13 选中【图层2拷贝】图层，按 Ctrl+T 组合键对其执行【自由变换】命令，单击鼠标右键，从弹出的快捷菜单中选择【翻转180度】命令，将图像等比例缩小，完成之后按 Enter 键确认，效果如图 7.56 所示。

STEP 14 同时选中除【背景】之外的所有图层，按 Ctrl+G 组合键将其编组，将生成一个【组1】组，如图 7.57 所示。

STEP 15 在【图层】面板中，选中【组1】组，将其拖曳至面板底部的【创建新图层】按钮 ⊞ 上，复制3个新组，如图 7.58 所示。

STEP 16 分别选中复制生成的3个新组，在图

像中将其移至相对应的其他3个摄像头位置，如图 7.59 所示，这样就完成了美化操作。

图 7.56　复制图像　　　图 7.57　将图层编组

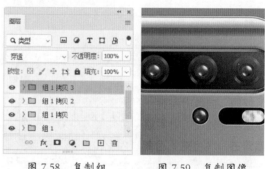

图 7.58　复制组　　　图 7.59　复制图像

提示

将图像移动至下方的小摄像头后应将其等比例缩小以适应摄像头图像大小。

7.18　为皮带扣制作金属拉丝效果

 实例分析

本例讲解为皮带扣制作金属拉丝效果，通过添加杂色及动感模糊制作出金属拉丝质感效果即可完成操作，最终效果如图 7.60 所示。

难度：☆☆☆
素材文件：调用素材＼第7章＼皮带 .jpg
案例文件：源文件＼第7章＼为皮带扣制作金属拉丝效果 .psd
视频文件：视频教学＼第7章＼7.18　为皮带扣制作金属拉丝效果 .mp4

图 7.60　最终效果

STEP 01 执行菜单栏中的【文件】|【打开】命令，选择"皮带 .jpg"文件，并将其打开。

STEP 02 选择工具箱中的【钢笔工具】 ，在选项栏中单击【选择工具模式】 路径 按钮，在弹出的选项中选择【形状】，将【填充】更改为白色，【描边】更改为无。

STEP 03 在皮带扣位置绘制一个不规则图形，将生成一个【形状 1】图层，效果如图 7.61 所示。

图 7.61　绘制图形

STEP 04 在【图层】面板中，单击面板底部的【创建新图层】按钮 ，新建一个【图层 1】图层，将其填充为白色。

STEP 05 执行菜单栏中的【滤镜】|【杂色】|【添加杂色】命令，在弹出的【添加杂色】对话框中，选中【平均分布】单选按钮，勾选【单色】复选框，将【数量】更改为 400，完成之后单击【确定】按钮，如图 7.62 所示。

STEP 06 执行菜单栏中的【滤镜】|【模糊】|【动感模糊】命令，在弹出的【动感模糊】对话框中将【距离】更改为 2000，【角度】更改为 0，设置完成之后单击【确定】按钮，如图 7.63 所示。

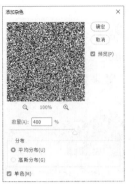

图 7.62　添加杂色

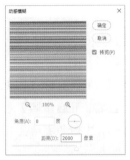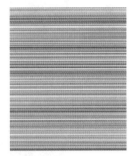

图 7.63　设置动感模糊

STEP 07 按 Ctrl+Alt+F 组合键两次，重复执行【动感模糊】命令，如图 7.64 所示。

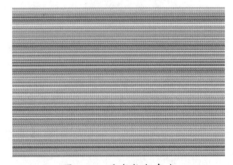

图 7.64　重复执行命令

STEP 08 选中【图层 1】图层，将其图层混合模式设置为【柔光】，并将【形状 1】图层隐藏，如图 7.65 所示。

图 7.65　设置图层混合模式

STEP 09 选中【图层 1】图层，按 Ctrl+T 组合键对其执行【自由变换】命令，将图像适当旋转与皮带扣位置相对应，再将图像等比例缩小，完成之后按 Enter 键确认，效果如图 7.66 所示。

图 7.66　将图像旋转

STEP 10 在【图层】面板中，选中【图层 1】图层，单击面板底部的【添加图层蒙版】按钮 ▣，为其添加图层蒙版，如图 7.67 所示。

图 7.67　添加图层蒙版

STEP 11 按住 Ctrl 键单击【形状 1】图层缩览图，将其载入选区，执行菜单栏中的【选择】|

【反选】命令将选区反向，将选区填充为黑色，将部分图形隐藏，完成之后按 Ctrl+D 组合键将选区取消，效果如图 7.68 所示。

STEP 12 选择工具箱中的【画笔工具】 ✎，在画布中单击鼠标右键，在弹出的面板中选择一种圆角笔触，将【大小】更改为 3 像素，【硬度】更改为 100%，如图 7.69 所示。

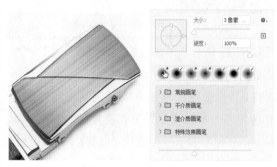

图 7.68　隐藏图像　　　图 7.69　设置笔触

STEP 13 将前景色更改为黑色，在皮带扣中间缝隙区域涂抹将其隐藏，如图 7.70 所示。

图 7.70　完成操作

7.19　美化金属质感电竞鼠标

 实例分析

　　本例讲解美化金属质感电竞鼠标，主要调出鼠标的金属质感效果，通过提升亮度以及增加饱和度完成效果制作，最终效果如图 7.71 所示。

难度：☆☆
素材文件：调用素材 \ 第 7 章 \ 鼠标 .jpg
案例文件：源文件 \ 第 7 章 \ 美化金属质感电竞鼠标 .psd
视频文件：视频教学 \ 第 7 章 \7.19　美化金属质感电竞鼠标 .mp4

图 7.71　最终效果

STEP 01 执行菜单栏中的【文件】|【打开】命令，选择"鼠标 .jpg"文件，并将其打开。

STEP 02 按 Ctrl+Alt+2 组合键将图像中高光区域载入选区，执行菜单栏中的【选择】|【反选】命令将选区反向选择，如图 7.72 所示。

图 7.72　载入选区

STEP 03 在【图层】面板中，单击面板底部的【创建新的填充或调整图层】按钮，在弹出的快捷菜单中选择【曲线】命令，在出现的面板中调整曲线，增加亮度，如图 7.73 所示。

图 7.73　调整曲线

STEP 04 在【图层】面板中，单击面板底部的【创建新的填充或调整图层】按钮，在弹出的快捷菜单中选择【自然饱和度】命令，在出现的面板中将【自然饱和度】更改为 +50，将【饱和度】更改为 +10，如图 7.74 所示。

图 7.74　调整自然饱和度

STEP 05 在【图层】面板中，单击面板底部的【创建新的填充或调整图层】按钮，在弹出的快捷菜单中选择【色彩平衡】命令，在出现的面板中选择色调为【阴影】，将其数值更改为偏蓝色 +10，如图 7.75 所示。

图 7.75　调整阴影

STEP 06 选择色调为【中间调】，将其数值更改为偏青色 -10，偏洋红 -10，偏黄色 -10，如图 7.76 所示。

图 7.76　调整中间调

STEP 07 选择工具箱中的【画笔工具】，在画布中单击鼠标右键，在弹出的面板中选择一种圆角笔触，将【大小】更改为 250 像素，将【硬度】更改为 0。

STEP 08 单击【色彩平衡】调整图层蒙版缩览图，在图像中除鼠标之外的区域涂抹，将多余的调整效果隐藏，如图 7.77 所示。

图 7.77 隐藏调整效果

STEP 09 在【图层】面板中，单击面板底部的【创建新的填充或调整图层】按钮◎，在弹出的快捷菜单中选择【色阶】命令，在出现的面板中将数值更改为（10，1.11，217），如图7.78所示。

STEP 10 在【图层】面板中，单击面板底部的【创建新图层】按钮田，新建一个【图层1】图层。

STEP 11 选中【图层1】图层，按 Ctrl+Alt+Shift+E 组合键盖印可见图层。

STEP 12 执行菜单栏中的【滤镜】|【锐化】|【USM 锐化】命令，在弹出的对话框中保持默

认数值，完成之后单击【确定】按钮，效果如图 7.79 所示。

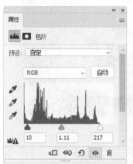

图 7.78 调整色阶

图 7.79 完成操作后的效果

7.20 为鞋子制作透气效果

实例分析

本例讲解为鞋子制作透气效果，本例的制作以突出鞋子的透气效果为主，通过添加透气特效表现出鞋子的特点，增强商品的品质，最终效果如图 7.80 所示。

难度：☆☆☆
素材文件：调用素材＼第7章＼运动鞋.jpg
案例文件：源文件＼第7章＼为鞋子制作透气效果.psd
视频文件：视频教学＼第7章＼7.20 为鞋子制作透气效果.mp4

图 7.80 最终效果

STEP 01 执行菜单栏中的【文件】|【打开】命令，选择"运动鞋.jpg"文件，并将其打开。

STEP 02 在【图层】面板中，单击面板底部的【创建新图层】按钮田，新建一个【图层1】图层，将其填充为白色。

STEP 03 执行菜单栏中的【滤镜】|【杂色】|【添加杂色】命令，在弹出的【添加杂色】对话框中，

选中【平均分布】单选按钮，勾选【单色】复选框，将【数量】更改为400，完成之后单击【确定】按钮，如图7.81所示。

图 7.81　添加杂色

STEP 04 执行菜单栏中的【滤镜】|【模糊】|【动感模糊】命令，在弹出的【动感模糊】对话框中将【距离】更改为2000，【角度】更改为90，设置完成之后单击【确定】按钮，如图7.82所示。

图 7.82　设置动感模糊

STEP 05 按 Ctrl+Alt+F 组合键两次，重复执行【动感模糊】命令，如图7.83所示。

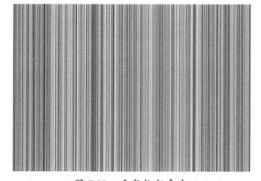

图 7.83　重复执行命令

STEP 06 选中【图层1】图层，将其图层混合模式设置为【滤色】，如图7.84所示。

图 7.84　设置图层混合模式

STEP 07 选中【图层1】图层，按 Ctrl+T 组合键对其执行【自由变换】命令，单击鼠标右键，从弹出的快捷菜单中选择【透视】命令，拖动变形框控制点将图像变形，完成之后按 Enter 键确认，再将图像等比例缩小，效果如图7.85所示。

图 7.85　将图像变形

STEP 08 在【图层】面板中，选中【图层1】图层，单击面板底部的【添加图层蒙版】按钮 ▢，为其添加图层蒙版。

STEP 09 选择工具箱中的【画笔工具】 ✔，在画布中单击鼠标右键，在弹出的面板中选择一种圆角笔触，将【大小】更改为180像素，【硬度】更改为0%，如图7.86所示。

STEP 10 将前景色更改为黑色，在图像上顶部区域涂抹将其隐藏，效果如图7.87所示。

图 7.86 设置笔触　　　图 7.87 隐藏图像

图 7.89 添加云彩　　　图 7.90 重复添加云彩

STEP 11 将图像复制两份并缩小，再选中除【背景】之外所有图层，合并更改图层名称为"吹气"，之后在图像中将其移至鞋面位置，表现出气效果，再将图像复制一份，效果如图 7.88 所示。

图 7.88 将图像复制

提示

合并图层之后图层模式丢失，再次更改其图层模式即可。

STEP 12 在【图层】面板中，单击面板底部的【创建新图层】按钮⊞，新建一个【图层 1】图层。

STEP 13 按 D 键恢复默认前景色和背景色，执行菜单栏中的【滤镜】|【渲染】|【云彩】命令，效果如图 7.89 所示。

STEP 14 按 Ctrl+Alt+F 组合键重复执行云彩命令，效果如图 7.90 所示。

STEP 15 选中【图层 1】图层，将其图层混合模式设置为【滤色】，效果如图 7.91 所示。

图 7.91 设置图层混合模式

STEP 16 在【图层】面板中，选中【图层 1】图层，单击面板底部的【添加图层蒙版】按钮◻，为其添加图层蒙版。

STEP 17 选择工具箱中的【画笔工具】✏，在画布中单击鼠标右键，在弹出的面板中选择一种圆角笔触，将【大小】更改为 150 像素，【硬度】更改为 0。

STEP 18 将前景色更改为黑色，在图像上部分区域涂抹将其隐藏，效果如图 7.92 所示。

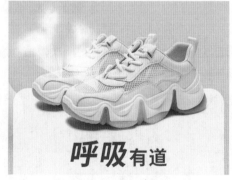

图 7.92 涂抹后的效果

7.21　为 T 恤添加印花效果

 实例分析

　　本例讲解为 T 恤添加印花效果，为 T 恤添加印花装饰元素即可完成效果制作，最终效果如图 7.93 所示。

难度：☆
素材文件：调用素材 \ 第 7 章 \ 白 T 恤 .jpg、印花 .psd
案例文件：源文件 \ 第 7 章 \ 为 T 恤添加印花效果 .psd
视频文件：视频教学 \ 第 7 章 \7.21　为 T 恤添加印花效果 .mp4

图 7.93　最终效果

图 7.94　打开及添加素材

STEP 01 执行菜单栏中的【文件】|【打开】命令，选择"白 T 恤 .jpg、印花 .psd"文件，并将其打开。

STEP 02 将印花素材添加至 T 恤图像中并适当缩小，如图 7.94 所示。

STEP 03 在【图层】面板中，选中【印花】图层，将其图层混合模式设置为【正片叠底】，效果如图 7.95 所示。

图 7.95　图层混合模式效果

7.22　为瓷杯添加高光效果

 实例分析

　　本例讲解为瓷杯添加高光效果，本例在制作过程中通过绘制图形并添加模糊效果完成制作，最终效果如图 7.96 所示。

难度：	☆☆
素材文件：	调用素材＼第7章＼瓷杯.jpg
案例文件：	源文件＼第7章＼为瓷杯添加高光效果.psd
视频文件：	视频教学＼第7章＼7.22　为瓷杯添加高光效果.mp4

图 7.96　最终效果

STEP 01 执行菜单栏中的【文件】|【打开】命令，选择"瓷杯.jpg"文件，并将其打开。

STEP 02 选择工具箱中的【钢笔工具】，在选项栏中单击【选择工具模式】 路径 按钮，在弹出的选项中选择【形状】，将【填充】更改为白色，【描边】更改为无。

STEP 03 在杯身位置绘制一个不规则图形，将生成一个【形状 1】图层，效果如图 7.97 所示。

图 7.97　绘制图形

STEP 04 执行菜单栏中的【滤镜】|【模糊】|【高斯模糊】命令，然后在弹出的对话框中将【半径】更改为5像素，完成之后单击【确定】按钮，效果如图 7.98 所示。

STEP 05 在【图层】面板中，选中【形状 1】图层，单击面板底部的【添加图层蒙版】按钮，为其添加图层蒙版。

图 7.98　添加高斯模糊

STEP 06 选择工具箱中的【渐变工具】，编辑黑色到白色的渐变，单击选项栏中的【线性渐变】按钮，在图像上拖动将部分图像隐藏，效果如图 7.99 所示。

图 7.99　隐藏图像

STEP 07 选中【形状 1】图层，在画布中按住 Alt+Shift 组合键向右侧拖动将图像复制，将复制生成的图像等比例缩小，再将生成的【形状 1 拷贝】图层【不透明度】更改为 50%，效果如图 7.100 所示。

图 7.100　复制图像

STEP 08 选择工具箱中的【钢笔工具】 ✎，在选项栏中单击【选择工具模式】 路径 ∨ 按钮，在弹出的选项中选择【形状】，将【填充】更改为白色，【描边】更改为无。

STEP 09 在杯把位置绘制一个不规则图形，将生成一个【形状 2】图层，效果如图 7.101 所示。

图 7.101 绘制图形

STEP 10 选中【形状 2】图层，将其图层【不透明度】更改为 80%，效果如图 7.102 所示。

图 7.102 更改图层不透明度

STEP 11 在【图层】面板中，选中【形状 2】图层，单击面板底部的【添加图层蒙版】按钮 ▣，为其添加图层蒙版。

STEP 12 选择工具箱中的【渐变工具】 ▣，编辑黑色到白色的渐变，单击选项栏中的【线性渐变】按钮 ▣，在图像上拖动将部分图像隐藏，效果如图 7.103 所示。

图 7.103 隐藏图像

STEP 13 以同样的方法再次制作一个高光效果，如图 7.104 所示。

图 7.104 添加高光后的效果

7.23 为书包添加可爱元素

 实例分析

本例讲解为书包添加可爱元素，本例在制作过程中通过给图像添加可爱元素并进行简单修饰表现出可爱的视觉效果，最终效果如图 7.105 所示。

难度：☆☆
素材文件：调用素材 \ 第 7 章 \ 书包 .jpg、星星 .psd
案例文件：源文件 \ 第 7 章 \ 为书包添加可爱元素 .psd
视频文件：视频教学 \ 第 7 章 \7.23 为书包添加可爱元素 .mp4

图 7.105　最终效果

STEP 01 执行菜单栏中的【文件】|【打开】命令，选择"书包 .jpg、星星 .psd"文件，并将其打开，将星星素材图像拖曳至画布中书包位置，如图 7.106 所示。

STEP 02 在【图层】面板中，选中【星星】图层，将其拖曳至面板底部的【创建新图层】按钮田上，复制一个【星星 拷贝】图层。

STEP 03 在【图层】面板中，选中【星星】图层，将其【不透明度】更改为 80%，再选中【星星 拷贝】图层，将其图层混合模式设置为【正片叠底】，【不透明度】更改为 80%，效果如图 7.107 所示。

图 7.106　打开及添加图像

图 7.107　设置完成后的效果

7.24　为枕头添加水印效果

 实例分析

本例讲解为枕头添加水印效果，添加水印在网店商品处理中十分常见，它的制作过程也非常简单，只需在商品图像上添加文字或者图形，并对其进行处理形成水印效果，即可完成整个操作过程，最终效果如图 7.108 所示。

难度: ☆
素材文件: 调用素材＼第 7 章＼枕头 .jpg
案例文件: 源文件＼第 7 章＼为枕头添加水印效果 .psd
视频文件: 视频教学＼第 7 章＼7.24　为枕头添加水印效果 .mp4

图 7.108　最终效果

STEP 01 执行菜单栏中的【文件】|【打开】命令，选择"枕头 .jpg"文件，并将其打开。

STEP 02 选择工具箱中的【横排文字工具】**T**，添加文字（方正胖娃简体），如图 7.109 所示。

图 7.109　添加文字

STEP 03 在【图层】面板中，选中文字图层，单击面板底部的【添加图层样式】按钮 *fx*，在弹出的快捷菜单中选择【外发光】命令，在弹出的【图层样式】对话框中，将【颜色】更改为白色，【大小】更改为 15 像素，完成之后单击【确定】按钮，如图 7.110 所示。

STEP 04 在【图层】面板中，选中文字图层，将其图层【填充】更改为 0，这样就完成了美化操作，最终效果如图 7.111 所示。

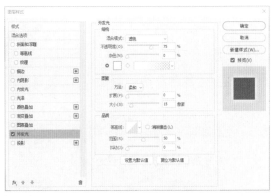

图 7.110　设置外发光

图 7.111　最终效果

7.25 拓展训练

　　本节安排了两个拓展训练习题，主要练习商品的修复美化处理，工具非常简单，但功能相当强大，这些都是以后店铺美化应用中非常重要的工具，一定要掌握并熟练应用。

训练 7-1　修复商品上的瑕疵

 实例分析

　　【污点修复画笔工具】主要用来修复图像中的污点，一般多用于小污点的修复，该工具的神奇之处在于，使用该工具在污点上单击或拖动，它可以根据污点周围图像的像素值来自动分析处理，将污点去除，而且将污点位置的图像自动换成与周围图像相似的像素，以达到修复污点的目的。该工具在使用时如果瑕疵周围的颜色很相似，则可以一步完成修复。最终效果如图 7.112 所示。

难度：☆
素材文件：调用素材 \ 第 7 章 \ 花瓶.jpg
案例文件：源文件 \ 第 7 章 \ 修复商品上的瑕疵.jpg
视频文件：视频教学 \ 第 7 章 \ 训练 7-1　修复商品上的瑕疵.mp4

图 7.112　最终效果

步骤分解图如图 7.113 所示。

图 7.113　步骤分解图

训练 7-2　利用内容识别填充快速去除水印

 实例分析

有时我们需要使用某些照片，这些照片如果带有水印怎么办呢？这时我们就可以使用本例讲解的方法，快速将水印去除，需要注意的是，本例讲解的方法对于有规律的背景或单色背景更加适合。最终效果如图 7.114 所示。

难度：☆
素材文件：调用素材 \ 第 7 章 \ 抱抱熊 .jpg
案例文件：源文件 \ 第 7 章 \ 利用内容识别填充快速去除水印 .jpg
视频文件：视频教学 \ 第 7 章 \ 训练 7-2　利用内容识别填充快速去除水印 .mp4

图 7.114　最终效果

步骤分解图如图 7.115 所示。

图 7.115　步骤分解图

第8章
CHAPTER EIGHT
简单广告图合成技法

内容摘要

本章主要讲解简单广告图合成技法。简单广告图的合成主要用在商品图的广告或者商品图的特征描述上，其制作过程虽然比较简单，却能表现出惊艳的视觉效果。本章在讲解过程中列举了包括何谓广告图合成、简单广告图的合成手法、如何快速合成自然广告图等基础知识。此外，配合基础知识的还包括面包字在烘焙广告中的应用、水花特效在饮料广告图中的表现等实例操作，通过基础知识加上实例的学习，读者可以掌握简单广告图的合成技法。

教学目标

- 认识何谓广告图合成
- 了解如何快速合成自然广告图的知识
- 学会吹风特效在空调商品图中的应用实例操作
- 学会水花特效在饮料广告图中的表现操作
- 学会相机特效在摄影广告中的表现

佳作欣赏

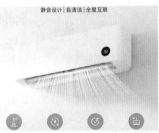

8.1 何谓广告图合成

　　广告图合成是指通过特殊的处理手法或者技巧，将原本看似无关系的元素进行拼接或者组合，生成一个新的图像，新的图像具有出色的视觉表现力和很强的视觉张力，给人一种惊艳的视觉效果。广告图合成是一种新型的图像制作方式，能很好地表现出商品的特点及卖点，广告合成图效果如图 8.1 所示。

图 8.1　广告合成图效果

8.2 为什么要合成广告图

　　合成广告图可以带来更加出色的视觉效果，一方面能为电商店铺提升视觉效果，另一方面也能吸引顾客的眼球，提升浏览体验，进而提高销量。合成广告图的用法需要注意，并不是所有的商品都可以通过合成广告图提升自身的"含金量"，有些商品则需要更加真实的外观及视觉效果，直观地展示商品本身的品质是其重点，所以合成广告图一方面是为了扩大销量，另一方面也可以提升商品本身的属性，使其商品本身效益最大化。电商店铺广告合成图效果如图 8.2 所示。

图 8.2　电商店铺广告合成图效果

8.3　广告图合成重点

　　通过不同的文字素材叠加组合在一起合成一幅完整的图片，而合成效果让人看不出痕迹，这是广告图合成的重点。在合成图制作过程中，选区、路径、蒙版、调色、通道这几个核心内容一定要掌握，其中最为重要的是 Photoshop 中几种蒙版的作用。

1.　图层蒙版的几种类型

★　图层蒙版相当于一块能使物体变透明的布，在布上涂黑色时，物体变透明，在布上涂白色时，
　　物体显示，在布上涂灰色时，物体变半透明。图层蒙版就是在当前图层上，露出想露出的部分；
　　而且随时可以进行修改，且不损坏原素材。如果直接将不需要的部分删除掉，那么将来在需要
　　调整的时候还得重新置入图片，因为多余的部分已经删除掉了。如果使用蒙版的话，则可以随
　　时调整蒙版，蒙版处理图像效果如图 8.3 所示。

★　快速蒙版形式是在设计时能够将任何选区作为蒙版进行修改，而无须运用通道，在检查图画时
　　也可如此。将选区作为蒙版来修改的好处是在不损坏原图的基础上可以随意修改。快速蒙版主
　　要用来做什么？它的作用是用黑、白、灰三种色调画笔来做选区，白色画笔可画出被挑选区域，
　　黑色画笔可画出不被挑选区域，灰色画笔可画出半透明挑选区域。快速蒙版，是快速处理选区，
　　不会生成相应附加图层（象征性在画板上用颜色区别），简单适用。

★　矢量蒙版，顾名思义，就是可以任意放大或缩小的矢量蒙版。矢量：简单地说，就是不会因放
　　大或缩小操作而影响清晰度的图像，跟像素没有关系。一般的位图包含的像素点在放大或缩小
　　到一定程度时会失真，而矢量图的清晰度不受这种操作的影响。 蒙版：可以对图像实现部分
　　遮罩的一种图片，遮罩效果可以通过具体的软件设定，就是相当于用一张掏出形状的图板蒙在
　　被遮罩的图片上面。矢量蒙版主要用来做什么？矢量蒙版是通过形状控制图像显示区域的，它
　　仅能作用于当前图层。矢量蒙版中创建的形状是矢量图，可以使用钢笔工具和形状工具对图形
　　进行编辑修改，从而改变蒙版的遮罩区域，也可以对它任意缩放而不必担心产生锯齿。

★　剪贴蒙版，剪贴蒙版和被蒙版的对象起初被称为剪贴组合，并在"图层"调板中用虚线标出。
　　可以从包含两个或多个对象的选区，或从一个组或图层中的所有对象来建立剪贴组合。可以使
　　用上面图层的内容来蒙盖其下面的图层。底部或基底图层的透明像素蒙盖它上面的图层（属于
　　剪贴蒙版）的内容。剪贴蒙版主要用来做什么？剪贴蒙版可以用其形状遮盖其他图稿的对象，

因此在使用剪贴蒙版时，只能看到蒙版形状内的区域，从效果上来说，就是将图稿裁剪为蒙版的形状。

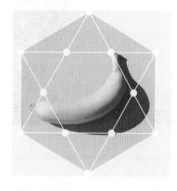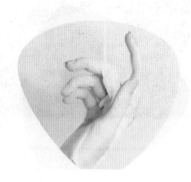

图 8.3　蒙版处理图像效果

2. 图层蒙版的用处

★ 蒙版是一种特殊的选区，但它的目的并不是对选区进行操作，相反，而是要保护选区不被操作。同时，不处于蒙版范围的地方则可以进行编辑与处理。

★ 蒙版虽然是一种选区，但它跟常规的选区颇为不同。常规的选区表现了一种操作趋向，即对所选区域进行处理；而蒙版却相反，它是对所选区域进行保护，让其免于被操作，而对非掩盖的地方应用操作。Photoshop 中的图层蒙版中只能用黑白色及其中间的过渡色（灰色）。在蒙版中的黑色就是蒙住当前图层的内容，显示当前图层下面层的内容，蒙版中的白色则是显示当前层的内容。蒙版中的灰色为半透明状，前图层下面的层的内容若隐若现，图层蒙版处理图像的效果如图 8.4 所示。

图 8.4　图层蒙版处理图像的效果

8.4　简单广告图的合成手法

合成广告图的重点在于通过不同的元素进行叠加或者拼接，形成新的图像，常用的简单合成手法主要包括，使用简单的手法将不相关的图像进行拼接、利用蒙版对图像进行镂空处理、使用颜色命令并配合蒙版制作出漂亮的商品效果等，简单广告图合成效果如图 8.5 所示。

图 8.5 简单广告图合成效果

8.5 如何快速合成自然广告图

　　自然广告图的合成重点在于如何将不相关的图像进行合成并呈现出一种自然的视觉效果，其合成过程比较简单，重点在于突出其实用性，完美地表现出商品的属性，并且表现出的视觉效果也偏向于还原商品的本质，因此被称为自然广告图。在合成过程中首先对原素材图像进行简单的处理，再分别抠图或者进行调色，以达到快速合成效果。快速合成自然广告图效果如图 8.6 所示。

图 8.6 快速合成自然广告图效果

8.6 背景装饰在糖果广告中的表现

 实例分析

　　本例讲解背景装饰在糖果广告中的表现，主要用到了添加素材的操作，以及调整图层的设置，最终效果如图 8.7 所示。

难度：☆☆
素材文件：调用素材 \ 第 8 章 \ 糖果 .jpg、草莓 .psd
案例文件：源文件 \ 第 8 章 \ 背景装饰在糖果广告中的表现 .psd
视频文件：视频教学 \ 第 8 章 \8.6 背景装饰在糖果广告中的表现 .mp4

图 8.7　最终效果

图 8.8　添加素材

图 8.9　图层混合模式效果

STEP 01 执行菜单栏中的【文件】|【打开】命令，选择"糖果.jpg、草莓.psd"文件，并将其打开。

STEP 02 将草莓图像拖曳至糖果广告图像中，如图 8.8 所示。

STEP 03 在【图层】面板中，同时选中两个草莓所在图层，将其图层混合模式设置为【柔光】，效果如图 8.9 所示。

8.7　光效在摄影新品图中的应用

 实例分析

本例讲解光效在摄影新品图中的应用，重点在于突出表现相机的特效，通过添加光效表现出光效在摄影新品图中的应用，最终效果如图 8.10 所示。

难度：☆☆
素材文件：调用素材＼第 8 章＼相机.jpg
案例文件：源文件＼第 8 章＼光效在摄影新品图中的应用.psd
视频文件：视频教学＼第 8 章＼8.7　光效在摄影新品图中的应用.mp4

STEP 01 执行菜单栏中的【文件】|【打开】命令，选择"相机.jpg"文件，并将其打开。

STEP 02 选择工具箱中的【钢笔工具】，在选项栏中单击【选择工具模式】 路径 ∨ 按钮，在弹出的选项中选择【形状】，将【填充】更改为白色，【描边】更改为无。

STEP 03 在相机镜头位置绘制一个不规则图

图 8.10　最终效果

形，将生成一个【形状 1】图层，效果如图 8.11
所示。

图 8.11　绘制图形

STEP 04 在【图层】面板中，选中【形状 1】
图层，单击面板底部的【添加图层样式】按钮
fx，在弹出的菜单中选择【渐变叠加】命令。

STEP 05 在弹出的【图层样式】对话框中将【渐
变】更改为深黄色（R：95，G：60，B：22）
到红色（R：203，G：53，B：53）再到黄色（R：
255，G：234，B：0），【角度】更改为 0，
完成之后单击【确定】按钮，如图 8.12 所示。

图 8.12　设置渐变叠加

STEP 06 执行菜单栏中的【滤镜】|【模糊】|【高
斯模糊】命令，然后在弹出的对话框中将【半径】
更改为 40 像素，完成之后单击【确定】按钮，
效果如图 8.13 所示。

STEP 07 选中【形状 1】图层，将其图层混合

模式设置为【颜色减淡（添加）】，效果如图 8.14
所示。

图 8.13　添加高斯模糊

图 8.14　设置图层混合模式

STEP 08 在【图层】面板中，选中【形状 1】图层，
单击面板底部的【创建新图层】按钮，复制
一个新【形状 1 拷贝】图层。

STEP 09 选中【形状 1 拷贝】图层，在画布中
按 Ctrl+T 组合键对其执行【自由变换】命令，
将图像旋转并等比例缩小，完成之后按 Enter
键确认，效果如图 8.15 所示。

图 8.15　等比例缩小后的效果

8.8 特征图形在鼠标商品图中的应用

实例分析

本例讲解特征图形在鼠标商品图中的应用，本例在制作中以突出商品的特征为重点，通过绘制图形表现出鼠标的人体工程学特征，最终效果如图 8.16 所示。

难度：☆☆	
素材文件：调用素材 \ 第 8 章 \ 鼠标 .jpg	
案例文件：源文件 \ 第 8 章 \ 特征图形在鼠标商品图中的应用 .psd	
视频文件：视频教学 \ 第 8 章 \8.8　特征图形在鼠标商品图中的应用 .mp4	

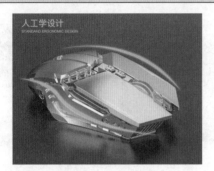

图 8.16　最终效果

STEP 01 执行菜单栏中的【文件】|【打开】命令，选择"鼠标 .jpg"文件，并将其打开。

STEP 02 选择工具箱中的【钢笔工具】，在选项栏中单击【选择工具模式】 [路径 ⌄] 按钮，在弹出的选项中选择【形状】，将【填充】更改为青色（R：99，G：230，B：255），【描边】更改为无。

STEP 03 绘制一个细长弧形，将生成一个【形状 1】图层，效果如图 8.17 所示。

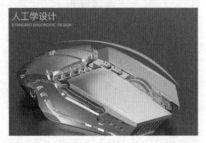

图 8.17　绘制图形

STEP 04 在【图层】面板中，选中【形状 1】图层，单击面板底部的【添加图层样式】按钮 fx，在弹出的快捷菜单中选择【外发光】命令。

STEP 05 在弹出的【图层样式】对话框中将【颜色】更改为青色（R：99，G：230，B：255），【大小】更改为 10 像素，完成之后单击【确定】按钮，如图 8.18 所示。

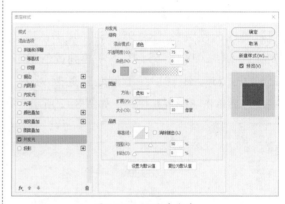

图 8.18　设置外发光

STEP 06 以同样的方法在鼠标下方位置再次绘制一个相似图形，表现出鼠标的人体工程学特征，将生成一个【形状 2】图层，效果如图 8.19 所示。

STEP 07 在【形状 1】图层名称上单击鼠标右键，从弹出的快捷菜单中选择【拷贝图层样式】命令，在【形状 2】图层名称上单击鼠标右键，从弹出的快捷菜单中选择【粘贴图层样式】命令，这样就完成了效果制作，如图 8.20 所示。

 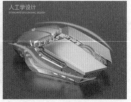

图 8.19　绘制图形　　图 8.20　复制粘贴后的效果

8.9　声波特效在音箱商品图中的应用

📖 实例分析

本例讲解声波特效在音箱商品图中的应用，本例在制作过程中通过绘制图像并复制，制作出声波图形为音箱广告添加动感特效，最终效果如图 8.21 所示。

难度：☆☆
素材文件：调用素材 \ 第 8 章 \ 音箱 .jpg
案例文件：源文件 \ 第 8 章 \ 声波特效在音箱商品图中的应用 .psd
视频文件：视频教学 \ 第 8 章 \8.9　声波特效在音箱商品图中的应用 .mp4

图 8.21　最终效果

STEP 01 执行菜单栏中的【文件】|【打开】命令，选择 "音箱 .jpg" 文件，并将其打开。

STEP 02 选择工具箱中的【钢笔工具】 ✐，在选项栏中单击【选择工具模式】 路径 ▼ 按钮，在弹出的选项中选择【形状】，将【填充】更改为白色，【描边】更改为无。

STEP 03 绘制一个细长弧形，将生成一个【形状 1】图层，效果如图 8.22 所示。

图 8.22　绘制图形

STEP 04 按 Ctrl+Alt+T 组合键将图形向下方移动复制一份，效果如图 8.23 所示。

图 8.23　复制图形

STEP 05 按住 Ctrl+Alt+Shift 组合键同时按 T 键多次，执行多重复制命令，将图形复制多份，效果如图 8.24 所示。

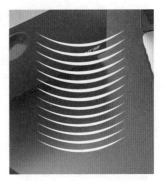

图 8.24　复制多份图形

STEP 06 同时选中除【背景】之外的所有图层，按 Ctrl+E 组合键将其合并，将生成的图层名称更改为 "声波"。

STEP 07 选中【声波】图层，按 Ctrl+T 组合键对其执行【自由变换】命令，单击鼠标右键，从弹出的快捷菜单中选择【透视】命令，拖动变形框控制点将图形变形，完成之后按 Enter 键确认，效果如图 8.25 所示。

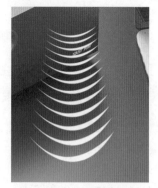

图 8.25　将图形变形

STEP 08 选中【声波】图层，按 Ctrl+T 组合键执行【自由变换】命令，将其旋转一定的角度，完成之后按 Enter 键确认，效果如图 8.26 所示。

图 8.26　旋转图形

STEP 09 在【图层】面板中，选中【声波】图层，单击面板底部的【添加图层样式】按钮*fx*，在弹出的快捷菜单中选择【渐变叠加】命令。

STEP 10 在弹出的【图层样式】对话框中将【渐变】更改为红色（R：253，G：71，B：128）到蓝色（R：94，G：135，B：254），【角度】更改为 -40，【缩放】更改为 20，完成之后单击【确定】按钮，如图 8.27 所示。

STEP 11 选中【声波】图层，执行菜单栏中的【滤镜】|【模糊】|【高斯模糊】命令，然后在弹出的对话框中将【半径】更改为 1 像素，完成之后单击【确定】按钮，效果如图 8.28 所示。

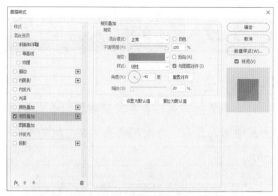

图 8.27　设置渐变叠加

图 8.28　添加高斯模糊

STEP 12 在【图层】面板中，选中【声波】图层，单击面板底部的【添加图层蒙版】按钮，为其添加图层蒙版。

STEP 13 选择工具箱中的【渐变工具】，编辑黑色到白色的渐变，单击选项栏中的【线性渐变】按钮，在图像上拖动将部分图像隐藏，这样就完成了效果制作，如图 8.29 所示。

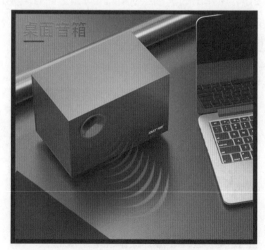

图 8.29　渐变后的效果

8.10　吹风特效在空调商品图中的应用

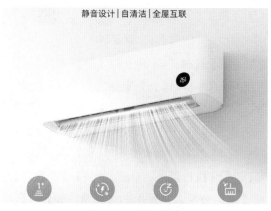

实例分析

本例讲解吹风特效在空调商品图中的应用，在制作过程中首先添加杂色并制作出吹风特效，再将风效图像变形，即可完成吹风效果制作，最终效果如图 8.30 所示。

难度：☆☆
素材文件：调用素材 \ 第 8 章 \ 空调 .jpg
案例文件：源文件 \ 第 8 章 \ 吹风特效在空调商品图中的应用 .psd
视频文件：视频教学 \ 第 8 章 \8.10　吹风特效在空调商品图中的应用 .mp4

图 8.30　最终效果

图 8.31　添加杂色

STEP 01 执行菜单栏中的【文件】|【打开】命令，选择"空调 .jpg"文件，并将其打开。

STEP 02 在【图层】面板中，单击面板底部的【创建新图层】按钮 ⊞，新建一个【图层 1】图层，将其填充为白色。

STEP 03 执行菜单栏中的【滤镜】|【杂色】|【添加杂色】命令，在弹出的【添加杂色】对话框中，选中【平均分布】单选按钮，勾选【单色】复选框，将【数量】更改为 400，完成之后单击【确定】按钮，如图 8.31 所示。

图 8.32　设置动感模糊

STEP 04 执行菜单栏中的【滤镜】|【模糊】|【动感模糊】命令，在弹出的【动感模糊】对话框中将【距离】更改为 2000，【角度】更改为 90，设置完成之后单击【确定】按钮，如图 8.32 所示。

STEP 05 按 Ctrl+Alt+F 组合键两次，重复执行【动感模糊】命令，如图 8.33 所示。

图 8.33　重复执行命令

STEP 06 选中【图层1】图层,将其图层混合模式设置为【滤色】,如图8.34所示。

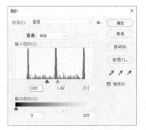

图8.34 设置图层混合模式

STEP 07 执行菜单栏中的【图像】|【调整】|【色阶】命令,在弹出的【色阶】对话框中将其数值更改为(103,1.62,211),完成之后单击【确定】按钮,如图8.35所示。

图8.35 调整色阶

STEP 08 选中【图层1】图层,按Ctrl+T组合键对其执行【自由变换】命令,单击鼠标右键,从弹出的快捷菜单中选择【变形】命令,拖动变形框控制点将图像变形,完成之后按Enter键确认,效果如图8.36所示。

图8.36 将图像变形

STEP 09 在【图层】面板中,选中【图层1】图层,单击面板底部的【添加图层蒙版】按钮,为其添加图层蒙版。

STEP 10 选择工具箱中的【渐变工具】,编辑黑色到白色的渐变,单击选项栏中的【线性渐变】按钮,在图像上拖动将部分图像隐藏,如图8.37所示。

图8.37 隐藏图像

STEP 11 选择工具箱中的【椭圆工具】,在选项栏中将【填充】更改为蓝色(R:123,G:210,B:222),【描边】为无,在空调出风口位置绘制一个细长椭圆图形,将生成一个【椭圆1】图层,效果如图8.38所示。

STEP 12 执行菜单栏中的【滤镜】|【模糊】|【高斯模糊】命令,在弹出的【高斯模糊】对话框中将【半径】更改为3像素,完成之后单击【确定】按钮,效果如图8.39所示。

图8.38 绘制图形   图8.39 添加高斯模糊

STEP 13 在【图层】面板中,选中【椭圆1】图层,将其移至【图层1】图层下方,如图8.40所示。

STEP 14 按Ctrl+T组合键对图像执行【自由变换】命令,将图像适当旋转,完成之后按Enter键确认,效果如图8.41所示。

STEP 15 在【图层】面板中,选中【椭圆1】图层,将其拖曳至面板底部的【创建新图层】按钮上,复制一个【椭圆1拷贝】图层。

图 8.40　移动图层顺序　　　图 8.41　旋转图像

图 8.42　锁定透明像素并填充颜色

STEP 16 选中【椭圆 1 拷贝】图层，单击面板上方的【锁定透明像素】按钮，将透明像素锁定，将图像填充为白色，填充完成之后再次单击此按钮将其解除锁定，如图 8.42 所示。

STEP 17 在画布中按 Ctrl+T 组合键对其执行【自由变换】命令，将图像等比例缩小，完成之后按 Enter 键确认，如图 8.43 所示。

图 8.43　完成操作后的效果

8.11　屏幕特效在电竞本中的应用

实例分析

本例讲解屏幕特效在电竞本中的应用，为电竞本的屏幕添加各类战争元素，即可完成整个动感效果的屏幕特效制作，最终效果如图 8.44 所示。

难度：☆☆
素材文件：调用素材 \ 第 8 章 \ 电竞本 .jpg、素材 .psd
案例文件：源文件 \ 第 8 章 \ 屏幕特效在电竞本中的应用 .psd
视频文件：视频教学 \ 第 8 章 \8.11　屏幕特效在电竞本中的应用 .mp4

图 8.44　最终效果

STEP 01 执行菜单栏中的【文件】|【打开】命令，选择"电竞本 .jpg、素材 .psd"文件，并将其打开。

在素材文档中选中【背景】图层将其拖曳至电竞本文档中并缩小至与其屏幕相同大小，如图 8.45 所示。

图 8.45　添加素材

STEP 02 将其他几个素材添加至电竞本文档中并缩小，如图 8.46 所示。

STEP 03 选中【战士】图层，在画布中按住 Alt+Shift 组合键向左侧拖动将图像复制，将复制生成的图像等比例缩小，按 Ctrl+T 组合键对其执行【自由变换】命令，单击鼠标右键，从弹出的快捷菜单中选择【水平翻转】命令，完成之后按 Enter 键确认，效果如图 8.47 所示。

图 8.46　添加素材图像　　　图 8.47　复制图像

 提示

在添加其他几个素材图像时需要注意将素材图像一部分保留在屏幕之外，这样可以凸显出素材从屏幕中出现的效果。

STEP 04 在【图层】面板中，单击面板底部的【创建新的填充或调整图层】按钮，在弹出的快

捷菜单中选择【色阶】命令，在出现的面板中将数值更改为（28，0.67，255），单击面板底部的【此调整影响下面的所有图层】按钮，如图 8.48 所示。

图 8.48　调整色阶

STEP 05 以同样的方法为其他几个图层添加色阶调整图层，效果如图 8.49 所示。

图 8.49　调整图层后的效果

8.12　发光特效在厨房电器中的应用

实例分析

本例讲解发光特效在厨房电器中的应用，通过绘制图形并为其添加图层样式，即可制作出发光效果，完成特效制作，最终效果如图 8.50 所示。

难度：☆☆
素材文件：调用素材＼第 8 章＼电磁炉 .jpg
案例文件：源文件＼第 8 章＼发光特效在厨房电器中的应用 .psd
视频文件：视频教学＼第 8 章＼8.12　发光特效在厨房电器中的应用 .mp4

STEP 01 执行菜单栏中的【文件】|【打开】命令，选择"电磁炉 .jpg"文件，并将其打开。

STEP 02 选择工具箱中的【椭圆工具】，在选项栏中将【填充】更改为白色，【描边】更改为无，在电磁炉图像位置绘制一个椭圆图形，将生成一个【椭圆 1】图层，如图 8.51 所示。

图 8.50　最终效果

图 8.51　绘制图形

STEP 03 在【图层】面板中，选中【椭圆 1】图层，单击面板底部的【添加图层样式】按钮 *fx*，在弹出的快捷菜单中选择【外发光】命令。

STEP 04 在弹出的【图层样式】对话框中将【不透明度】更改为 100，【颜色】更改为橙色（R：255，G：186，B：0），【扩展】更改为 20，【大小】更改为 50，完成之后单击【确定】按钮，如图 8.52 所示。

图 8.52　设置外发光

图 8.52　设置外发光（续）

STEP 05 在【图层】面板中，选中【椭圆 1】图层，将其图层【填充】更改为 0，如图 8.53 所示。

图 8.53　更改填充

STEP 06 选择工具箱中的【直接选择工具】，拖动椭圆 4 个锚点，将其与锅底弧形相对，如图 8.54 所示。

图 8.54　调整锚点

STEP 07 在【椭圆 1】图层名称上单击鼠标右键，在弹出的菜单中选择【栅格化图层】命令，再将其图层混合模式更改为【滤色】，如图 8.55 所示。

STEP 08 在【图层】面板中，选中【椭圆 1】图层，单击面板底部的【添加图层蒙版】按钮，为其添加图层蒙版。

图 8.55　更改图层混合模式

STEP 09 选择工具箱中的【画笔工具】 ，在画布中单击鼠标右键，在弹出的面板中选择一种圆角笔触，将【大小】更改为 100 像素，【硬度】更改为 0。

STEP 10 将前景色更改为黑色，在图像上多余区域涂抹将其隐藏，这样就完成了效果制作，如图 8.56 所示。

图 8.56　涂抹后的效果

8.13　修饰特效在服装类商品图中的应用

实例分析

本例讲解修饰特效在服装类商品图中的应用，只需要在服装图像位置绘制修饰图形并添加发光效果即可表现出特效，最终效果如图 8.57 所示。

难度：☆☆
素材文件：调用素材 \ 第 8 章 \ 羽绒服 .jpg
案例文件：源文件 \ 第 8 章 \ 修饰特效在服装类商品图中的应用 .psd
视频文件：视频教学 \ 第 8 章 \8.13　修饰特效在服装类商品图中的应用 .mp4

图 8.57　最终效果

STEP 01 执行菜单栏中的【文件】|【打开】命令，选择"羽绒服 .jpg"文件，并将其打开。

STEP 02 选择工具箱中的【钢笔工具】 ，在选项栏中单击【选择工具模式】 路径 ▼ 按钮，在弹出的选项中选择【形状】，将【填充】

更改为白色，【描边】更改为无。

STEP 03 在服装左侧位置绘制一个不规则图形，将生成一个【形状 1】图层，如图 8.58 所示。

图 8.58　绘制图形

STEP 04 在【图层】面板中，选中【形状 1】图层，单击面板底部的【添加图层样式】按钮 *fx*，在弹出的快捷菜单中选择【外发光】命令。

STEP 05 在弹出的【图层样式】对话框中将【颜色】更改为白色，【大小】更改为 15 像素，完成之后单击【确定】按钮，效果如图 8.59 所示。

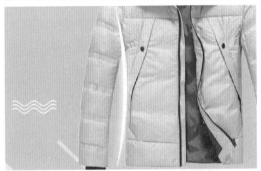

图 8.59　设置外发光

STEP 06 在【图层】面板中，选中【形状 1】图层，将其拖曳至面板底部的【创建新图层】按钮 ⊞ 上，复制一个【形状 1 拷贝】图层。

STEP 07 选中【形状 1 拷贝】图层，按 Ctrl+T 组合键对其执行【自由变换】命令，单击鼠标右键，从弹出的快捷菜单中选择【水平翻转】命令，完成之后按 Enter 键确认，将图像平移至右侧相对位置，这样就完成了效果制作，如图 8.60 所示。

图 8.60　翻转调整后的效果

8.14　面包字在烘焙广告中的应用

🍁 实例分析

　　本例讲解面包字在烘焙广告中的应用，本例的制作以突出文字特征为主，通过添加艺术字体并与面包图像相结合，完成面包字效果制作，最终效果如图 8.61 所示。

难度：☆☆☆
素材文件：调用素材 \ 第 8 章 \ 背景 .jpg、吐司纹理 .jpg、糖衣 .jpg、芝麻 .psd
案例文件：源文件 \ 第 8 章 \ 面包字在烘焙广告中的应用 .psd
视频文件：视频教学 \ 第 8 章 \8.14　面包字在烘焙广告中的应用 .mp4

图 8.61　最终效果

1. 添加背景及文字

STEP 01 执行菜单栏中的【文件】|【打开】命令，选择"背景 .jpg"文件，并将其打开。

STEP 02 选择工具箱中的【横排文字工具】T，添加文字（方正正粗黑简体），如图 8.62 所示。

图 8.62　添加文字

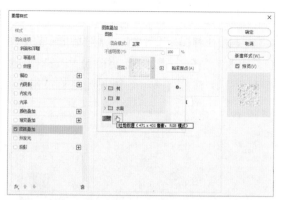

STEP 03 执行菜单栏中的【文件】|【打开】命令，选择"吐司纹理.jpg、糖衣.jpg"文件并将其打开。

STEP 04 在【吐司纹理】文档中，执行菜单栏中的【编辑】|【定义图案】命令，在弹出的对话框中将【名称】更改为"吐司纹理"，完成之后单击【确定】按钮，如图 8.63 所示。

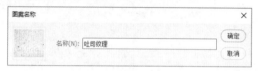

图 8.63　设置名称

STEP 05 在【糖衣】文档中，执行菜单栏中的【编辑】|【定义图案】命令，在弹出的对话框中将【名称】更改为"糖衣"，完成之后单击【确定】按钮，如图 8.64 所示。

图 8.64　设置名称

2. 制作文字特效

STEP 01 在面包字文档【图层】面板中，选中【面包世家】文字图层，单击面板底部的【添加图层样式】按钮 *fx*，在弹出的快捷菜单中选择【图案叠加】命令，在弹出的【图层样式】对话框中单击【图案】后方按钮，在弹出的面板中选择刚才定义的【吐司纹理】，【缩放】更改为 50，如图 8.65 所示。

STEP 02 勾选【描边】复选框，将【大小】更改为 3，【位置】更改为【外部】，【填充类型】更改为【图案】，将【图案】更改为【糖衣】，【缩放】更改为 5，如图 8.66 所示。

图 8.65　设置图案叠加

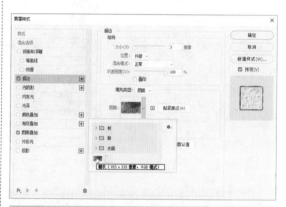

图 8.66　设置描边

STEP 03 勾选【斜面和浮雕】复选框，将【样式】更改为【描边浮雕】，【大小】更改为 20，取消勾选【使用全局光】复选框，【角度】更改为 90，【高光模式】中的【不透明度】更改为 40，【阴影模式】中的【颜色】更改为深黄色（R：35，G：15，B：2），【不透明度】更改为 55，如图 8.67 所示。

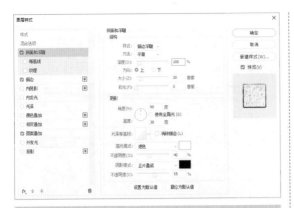

图 8.67 设置斜面和浮雕

STEP 04 勾选【内阴影】复选框，将【不透明度】更改为35，取消勾选【使用全局光】复选框，【角度】更改为0，【距离】更改为1，【阻塞】更改为25，【大小】更改为5，如图8.68所示。

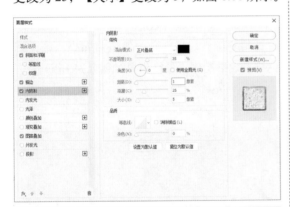

图 8.68 设置内阴影

STEP 05 勾选【光泽】复选框，将【混合模式】更改为【叠加】，【颜色】更改为黑色，【不透明度】更改为30，【距离】更改为15，【大

小】更改为20，如图8.69所示。

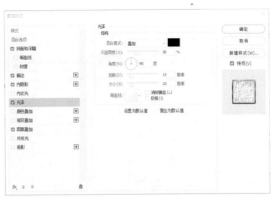

图 8.69 设置光泽

STEP 06 勾选【投影】复选框，将【混合模式】更改为【正片叠底】，【颜色】更改为深棕色（R：37，G：21，B：11），【不透明度】更改为75，取消勾选【使用全局光】复选框，将【角度】更改为0，【距离】更改为3，【大小】更改为8，如图8.70所示。

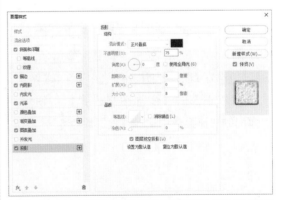

图 8.70 设置投影

STEP 07 勾选【内发光】复选框，将【混合模式】更改为【正常】，【不透明度】更改为100，【杂色】更改为20，【颜色】更改为深棕色（R：172，G：83，B：30），【阻塞】更改为2，【大小】更改为2，完成之后单击【确定】按钮，如图8.71所示。

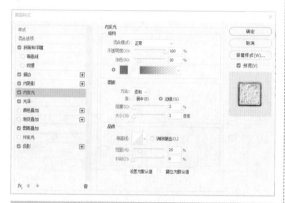

图 8.71　设置内发光

3. 调整特效细节

STEP 01 执行菜单栏中的【文件】|【打开】命令，选择"芝麻.psd"文件，将打开的素材拖入当前画布中文字下方并缩小，如图8.72所示。

STEP 02 在【图层】面板中，选中【芝麻】图层，单击面板底部的【添加图层样式】按钮 fx，在弹出的快捷菜单中选择【投影】命令。

STEP 03 在弹出的【图层样式】对话框中将【距离】更改为1，【扩展】更改为0，【大小】更改为3，完成之后单击【确定】按钮，如图8.73所示。

图 8.72　添加素材

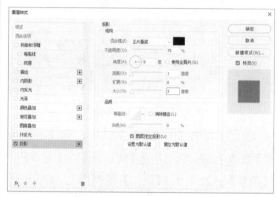

图 8.73　设置投影

STEP 04 在画布中按住 Alt 键拖动，将芝麻图像复制多份，并将部分图像适当缩小，这样就完成了效果制作，最终效果如图8.74所示。

图 8.74　最终效果

8.15　水花特效在饮料广告图中的表现

 实例分析

本例讲解水花特效在饮料广告图中的表现，本例在制作过程中突出了饮料入水的水花特效，整个视觉效果围绕饮料在水中的表现而制作，通过水花的特效完美表现出了饮料的品质特点，最终效果如图8.75所示。

难度：☆☆☆
素材文件：调用素材 \ 第 8 章 \ 素材 1.psd
案例文件：源文件 \ 第 8 章 \ 水花特效在饮料广告图中的表现 .psd
视频文件：视频教学 \ 第 8 章 \8.15　水花特效在饮料广告图中的表现 .mp4

图 8.75　最终效果

1. 制作渐变背景

STEP 01 执行菜单栏中的【文件】|【新建】命令，在弹出的对话框中设置【宽度】为 900 像素，【高度】为 700 像素，【分辨率】为 72 像素 / 英寸，新建一个空白画布。

STEP 02 在【图层】面板中，单击面板底部的【创建新图层】按钮，新建一个【图层 1】图层，将其填充为白色。

STEP 03 在【图层】面板中，单击面板底部的【添加图层样式】按钮*fx*，在弹出的快捷菜单中选择【渐变叠加】命令。

STEP 04 在弹出的【图层样式】对话框中将【渐变】更改为深蓝色（R：25，G：45，B：64）到深蓝色（R：124，G：163，B：197），完成之后单击【确定】按钮，如图 8.76 所示。

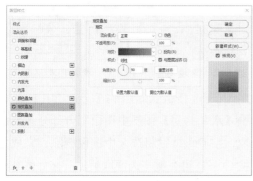

图 8.76　设置渐变叠加

STEP 05 选择工具箱中的【椭圆工具】◯，在选项栏中将【填充】更改为白色，【描边】更改为无，绘制一个椭圆，将生成一个【椭圆 1】图层，如图 8.77 所示。

STEP 06 执行菜单栏中的【滤镜】|【模糊】|【高斯模糊】命令，在弹出的对话框中将【半径】更改为 120 像素，完成之后单击【确定】按钮，如图 8.78 所示。

图 8.77　绘制椭圆　　　图 8.78　添加高斯模糊

2. 添加并处理素材

STEP 01 执行菜单栏中的【文件】|【打开】命令，选择"素材 1.psd"文件，将其打开并将水 3 素材图像添加至画布中。

STEP 02 选中【水 3】图层，在画布中按住 Alt+Shift 组合键向右侧拖动将图像复制，将复制生成的新图层与原图层合并在图像中将图像等比例缩小，效果如图 8.79 所示。

图 8.79　复制图像

STEP 03 以同样的方法将其他几个素材图像添加至图像中并放在适当位置，如图 8.80 所示。

图 8.80　添加素材图像

STEP 04 在【图层】面板中，选中【柠檬3】图层，单击面板底部的【创建新的填充或调整图层】按钮，在弹出的快捷菜单中选择【色相／饱和度】命令，在出现的面板中单击面板底部的【此调整影响下面的所有图层】按钮，将【饱和度】更改为 -10，【明度】更改为 -10，如图 8.81 所示。

图 8.81　调整饱和度及明度

STEP 05 以同样方法为其他两个柠檬图像添加【色相／饱和度】调整图层，降低图像的饱和度及明度，如图 8.82 所示。

图 8.82　调整其他图像

3.　对素材进行调色操作

STEP 01 在【图层】面板中，选中【水 3】图层，单击面板底部的【创建新的填充或调整图层】按钮，在弹出的快捷菜单中选择【色阶】命令，在出现的面板中单击面板底部的【此调整影响下面的所有图层】按钮，将数值更改为（39，0.75，255），如图 8.83 所示。

图 8.83　调整色阶

STEP 02 在【图层】面板中，选中【水 2】图层，单击面板底部的【创建新图层】按钮，复制一个新【水 2 拷贝】图层。

STEP 03 选中【水 2 拷贝】图层，在画布中将其移至左侧柠檬图像位置再按 Ctrl+T 组合键对其执行【自由变换】命令，将图像等比例缩小，完成之后按 Enter 键确认，效果如图 8.84 所示。

STEP 04 在【图层】面板中，选中【水 2 拷贝】图层，将其图层混合模式设置为【正片叠底】，效果如图 8.85 所示。

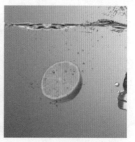

图 8.84　变换图像　　图 8.85　更改图层混合模式

STEP 05 选择工具箱中的【套索工具】，选中【水 2 拷贝】图层中图像下方部分多余水图像，按 Delete 键将选区中图像删除，完成之后按 Ctrl+D 组合键将选区取消，效果如图 8.86 所示。

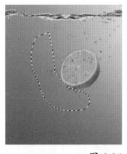

图 8.86 删除图像

STEP 06 以同样方法将【水2】图层中的图像再复制一份并放在右侧柠檬位置后将多余图像删除，如图8.87所示。

图 8.87 复制并删除多余图像

STEP 07 在【图层】面板中，选中【饮料】图层，单击面板底部的【添加图层样式】按钮fx，在弹出的快捷菜单中选择【渐变叠加】命令。

STEP 08 在弹出的【图层样式】对话框中将【混合模式】更改为【柔光】，【不透明度】更改为60，【渐变】更改为黑色到透明再到黑色，【角度】更改为-20，【缩放】更改为50，完成之后单击【确定】按钮，如图8.88所示。

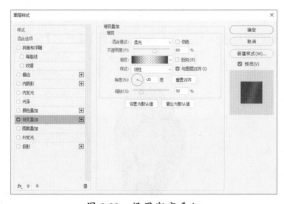

图 8.88 设置渐变叠加

提示
在设置渐变时注意色标的位置。

STEP 09 在【图层】面板中，单击面板底部的【创建新图层】按钮，新建一个【图层2】图层。

STEP 10 选中【图层2】图层，按Ctrl+Alt+Shift+E组合键盖印可见图层，将其图层混合模式设置为【正片叠底】，【不透明度】更改为30，效果如图8.89所示。

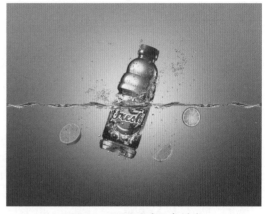

图 8.89 设置图层混合模式

STEP 11 在【图层】面板中，选中【图层2】图层，单击面板底部的【添加图层蒙版】按钮，为其添加图层蒙版。

STEP 12 选择工具箱中的【套索工具】，在图像中沿水3水面图像绘制一个选区将水面以上部分图像选取，将选区填充为黑色将部分图形隐藏，完成之后按Ctrl+D组合键将选区取消，如图8.90所示。

图 8.90 隐藏多余图像

STEP 13 选择工具箱中的【横排文字工具】 **T**，在图像左上角位置添加文字，这样就完成了效果制作，最终效果如图 8.91 所示。

图 8.91　最终效果

8.16　动感图形在运动手表商品图中的应用

实例分析

本例讲解动感图形在运动手表商品图中的应用，本例的制作重点在于图形的绘制，以动感的图像与运动手表商品图相结合表现出惊艳的科技运动效果，最终效果如图 8.92 所示。

难度：☆☆☆
素材文件：调用素材 \ 第 8 章 \ 运动手表 .jpg
案例文件：源文件 \ 第 8 章 \ 动感图形在运动手表商品图中的应用 .psd
视频文件：视频教学 \ 第 8 章 \8.16　动感图形在运动手表商品图中的应用 .mp4

图 8.92　最终效果

1.　添加并处理素材

STEP 01 执行菜单栏中的【文件】|【打开】命令，选择"运动手表 .jpg"文件，并将其打开。

STEP 02 选择工具箱中的【魔棒工具】 ✦，在背景区域单击将其载入选区，如图 8.93 所示。

图 8.93　载入选区

STEP 03 执行菜单栏中的【选择】|【反选】命令，将选区反向，如图 8.94 所示。

图 8.94　将选区反向

STEP 04 执行菜单栏中的【图层】|【新建】|【通过拷贝的图层】命令，将生成的图层名称更改为"手表"。

STEP 05 选择工具箱中的【渐变工具】■，编辑白色到灰色（R：200，G：200，B：200）的渐变，将白色色标位置更改为70%，单击选项栏中的【径向渐变】按钮■，在画布中从中间向左下角方向拖动填充渐变，效果如图8.95所示。

图 8.95　填充渐变

STEP 06 选择工具箱中的【钢笔工具】✐，在选项栏中单击【选择工具模式】 路径 ∨ 按钮，在弹出的选项中选择【形状】，将【填充】更改为灰色（R：200，G：200，B：200），【描边】为无，在手表左侧位置绘制一个三角形图形，此时将生成一个【形状 1】图层，效果如图8.96所示。

STEP 07 选中【形状 1】图层，按住 Alt 键向右下角方向拖动将图形复制并适当旋转，此时将生成一个【形状 1 拷贝】图层，如图8.97所示。

图 8.96　绘制图形

图 8.97　复制并旋转图形

2. 绘制立体多边形

STEP 01 以同样的方法在手表右侧位置绘制一个黑色三角形图层，此时将生成一个【形状 2】图层，如图 8.98 所示。

图 8.98　绘制图形

STEP 02 在【图层】面板中，选中【形状 2】图层，单击面板底部的【添加图层样式】按钮 *fx*，在弹出的快捷菜单中选择【渐变叠加】命令，在弹出的【图层样式】对话框中将【渐变】更改为灰色（R：153，G：155，B：176）到灰色（R：100，G：106，B：120），【角度】更改为 45，完成之后单击【确定】按钮，如图 8.99 所示。

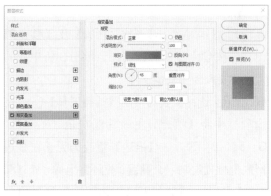

图 8.99　设置渐变叠加

STEP 03 在【图层】面板中，选中【形状 2】图层，将其拖曳至面板底部的【创建新图层】按钮 ⊞ 上，复制一个【形状 2 拷贝】图层，如图 8.100 所示。双击【形状 2 拷贝】图层样式名称，在弹出的【图层样式】对话框中勾选【反向】复选框，完成之后单击【确定】按钮。

图 8.100　复制图层

STEP 04 选中【形状 2 拷贝】图层，按 Ctrl+T 组合键对其执行【自由变换】命令，将图形适当旋转，完成之后按 Enter 键确认，将图形与原图形边缘对齐，效果如图 8.101 所示。

图 8.101　旋转图形

3. 添加细节元素

STEP 01 同时选中【形状 2 拷贝】及【形状 2】图层，按 Ctrl+G 组合键将图层编组，将生成的组名称更改为"立体图形"。

STEP 02 选择工具箱中的【椭圆工具】◯，在选项栏中将【填充】更改为深灰色（R：53，G：58，B：70），【描边】更改为无，在多边形底部位置绘制一个椭圆，此时将生成一个【椭圆 1】图层，将其移至【立体图形】组下方，如图 8.102 所示。

STEP 03 选中【椭圆 1】图层，执行菜单栏中的【滤镜】|【模糊】|【高斯模糊】命令，在弹出的对话框中将【半径】更改为 3，完成之后单击【确定】按钮，效果如图 8.103 所示。

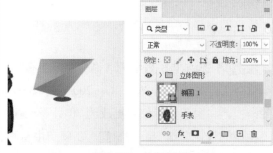

图 8.102　绘制图形

图 8.103　添加高斯模糊

STEP 04 执行菜单栏中的【滤镜】|【模糊】|【动感模糊】命令，在弹出的对话框中将【角度】更改为 0，【距离】更改为 25，设置完成之后单击【确定】按钮，效果如图 8.104 所示。

图 8.104　添加动感模糊

STEP 05 在【图层】面板中，选中【椭圆 1】图层，将其拖曳至面板底部的【创建新图层】按钮上，复制一个【椭圆 1 拷贝】图层。

STEP 06 选中【椭圆 1 拷贝】图层，按 Ctrl+T 组合键对其执行【自由变换】命令，将图像等比例缩小，完成之后按 Enter 键确认，如图 8.105 所示。

图 8.105　缩小图像

STEP 07 在【图层】面板中，选中【立体图形】组，将其拖曳至面板底部的【创建新图层】按钮⊞上，复制一个【立体图形 拷贝】组，如图8.106所示。

图 8.106　复制组

STEP 08 选中【立体图形 拷贝】组，在画布中将其向上方移动，再按 Ctrl+T 组合键对其执行【自由变换】命令，将图像等比例缩小并适当旋转，完成之后按 Enter 键确认，效果如图 8.107 所示。

图 8.107　变换图像

STEP 09 以同样方法选中【立体图形】组，在画布中按住 Alt 键拖动将图形复制数份并适当旋转及缩小，效果如图8.108所示。

图 8.108　复制并变换图形

STEP 10 选中其中一个多边形图形所在组，按 Ctrl+E 组合键将其合并。

STEP 11 选中合并组后生成的图层，执行菜单栏中的【滤镜】|【模糊】|【动感模糊】命令，在弹出的对话框中将【角度】更改为 -30，【距离】更改为10，设置完成之后单击【确定】按钮，效果如图 8.109 所示。

图 8.109　添加动感模糊

STEP 12 以同样的方法选中其他几个多边形所在组将其合并并添加动感模糊效果，如图 8.110 所示。

图 8.110　添加动感模糊后的效果

8.17 鱼鲜特效在海鲜类广告中的应用

实例分析

本例讲解鱼鲜特效在海鲜类广告中的应用，本例的制作围绕鱼鲜的主题视觉，以突出鱼肉的新鲜为主，与真实的素材图像结合并制作出特效，最终效果如图 8.111 所示。

难度：☆☆☆
素材文件：调用素材＼第 8 章＼背景 1.jpg、鱼鲜素材 .psd
案例文件：源文件＼第 8 章＼鱼鲜特效在海鲜类广告中的应用 .psd
视频文件：视频教学＼第 8 章＼8.17　鱼鲜特效在海鲜类广告中的应用 .mp4

图 8.111　最终效果

1. 打造主题背景

STEP 01 执行菜单栏中的【文件】|【打开】命令，选择"背景 1.jpg、鱼鲜素材 .psd"文件，并将其打开，将打开的鱼鲜素材中的保鲜盒图像拖曳至当前画布中缩小，如图 8.112 所示。

图 8.112　打开及添加素材

STEP 02 在【图层】面板中，选中【保鲜盒】图层，单击面板底部的【添加图层样式】按钮 fx，在弹出的快捷菜单中选择【投影】命令。

STEP 03 在弹出的【图层样式】对话框中将【混合模式】更改为【叠加】，【颜色】更改为深蓝色（R：0，G：14，B：23），【不透明度】

更改为 50，取消勾选【使用全局光】复选框，将【角度】更改为 90，【距离】更改为 10，【大小】更改为 20，完成之后单击【确定】按钮，如图 8.113 所示。

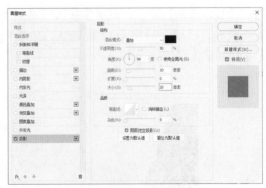

图 8.113　设置投影

2. 调整素材图像

STEP 01 在打开的素材文档中，选择【鱼】图层，将其打开并拖曳至画布中缩小及旋转，如图 8.114 所示。

图 8.114　添加图像

STEP 02 在【保鲜盒】图层名称上单击鼠标右键，从弹出的快捷菜单中选择【拷贝图层样式】命令，在【鱼】图层名称上单击鼠标右键，从弹出的快捷菜单中选择【粘贴图层样式】命令。

STEP 03 双击【鱼】图层样式名称，在弹出的对话框中将【混合模式】更改为【正常】，【角度】更改为 0，完成之后单击【确定】按钮，如图 8.115 所示。

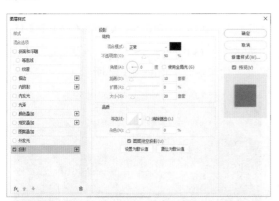

图 8.115　设置图层样式

STEP 04 在打开的素材文档中，选择【鱼肉】图层，将其打开并拖曳至画布中，将其图层【不透明度】更改为 50，并使鱼肉与下方的鱼身体尽量相对应，再将图像缩小，效果如图 8.116 所示。

图 8.116　缩小图像

3.　完善细节特效

STEP 01 按住 Ctrl 键单击【鱼】图层缩览图，将其载入选区，执行菜单栏中的【选择】|【反选】命令将选区反向选择，效果如图 8.117 所示。

图 8.117　载入选区

STEP 02 选中【鱼肉】图层，按 Delete 键将选区中图像删除，完成之后按 Ctrl+D 组合键将选区取消，效果如图 8.118 所示。

图 8.118　删除图像

STEP 03 在【图层】面板中，选中【鱼肉】图层，单击面板底部的【添加图层蒙版】按钮▢，为其添加图层蒙版。

STEP 04 选择工具箱中的【画笔工具】，在画布中单击鼠标右键，在弹出的面板中选择一种圆角笔触，将【大小】更改为100像素，【硬度】更改为0，如图8.119所示。

图 8.119　设置笔触

STEP 05 将前景色更改为黑色，在图像上部分区域涂抹将其隐藏，效果如图8.120所示。

图 8.120　隐藏图像

STEP 06 同时选中【鱼肉】及【鱼】图层，按Ctrl+G组合键将其编组，将生成的组名称更改为"鱼鲜"。

STEP 07 在【图层】面板中，选中【鱼鲜】组，

单击面板底部的【添加图层样式】按钮*fx*，在弹出的快捷菜单中选择【渐变叠加】命令。

STEP 08 在弹出的【图层样式】对话框中将【渐变】更改为黑色到透明再到黑色，【混合模式】更改为【柔光】，【角度】更改为90，【缩放】更改为65，完成之后单击【确定】按钮，如图8.121所示。

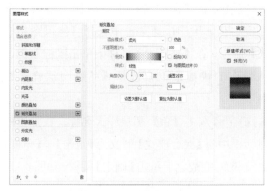

图 8.121　设置渐变叠加

STEP 09 选择工具箱中的【横排文字工具】T，添加文字（汉仪尚巍手书W、苹方），这样就完成了效果制作，如图8.122所示。

图 8.122　添加文字后的效果

8.18 相机特效在摄影广告中的表现

实例分析

本例讲解相机特效在摄影广告中的表现，通过背景图像与相机图像的合成，以此来突出相机的特点，合成之后最后进行调色即可完成效果制作，最终效果如图8.123所示。

难度：☆☆☆
素材文件：调用素材＼第8章＼森林.jpg、素材2.psd
案例文件：源文件＼第8章＼相机特效在摄影广告中的表现.psd
视频文件：视频教学＼第8章＼8.18　相机特效在摄影广告中的表现.mp4

图 8.123　最终效果

1. 打造森林背景

STEP 01 执行菜单栏中的【文件】|【打开】命令，选择"森林 .jpg、素材 2.psd"文件，并将其打开，将打开的素材中的熊图像拖曳至当前画布中缩小，如图 8.124 所示。

图 8.124　打开及添加素材

STEP 02 选择工具箱中的【钢笔工具】 ，在选项栏中单击【选择工具模式】 路径 按钮，在弹出的选项中选择【形状】，将【填充】更改为黑色，【描边】更改为无。

STEP 03 在熊图像左下角位置绘制一个不规则图形，将生成一个【形状 1】图层，效果如图 8.125 所示。

图 8.125　绘制图形

STEP 04 执行菜单栏中的【滤镜】|【模糊】|【高斯模糊】命令，在弹出的对话框中将【半径】更改为 7，完成之后单击【确定】按钮，如图 8.126 所示。

图 8.126　添加高斯模糊

STEP 05 在【图层】面板中，选中【形状 1】图层，单击面板底部的【添加图层蒙版】按钮 ，为其添加图层蒙版。

STEP 06 选择工具箱中的【画笔工具】 ，在画布中单击鼠标右键，在弹出的面板中选择一种圆角笔触，将【大小】更改为 100 像素，【硬度】更改为 0。

STEP 07 将前景色更改为黑色，在图像上部分区域涂抹将其隐藏，为熊制作投影效果，如图 8.127 所示。

图 8.127　制作投影效果

2. 添加及处理素材

STEP 01 在【图层】面板中，单击面板底部的
【创建新图层】按钮，新建一个【图层1】图层。

STEP 02 选中【图层1】图层，按 Ctrl+Alt+
Shift+E 组合键盖印可见图层。

STEP 03 在打开的素材文档中选中相机素材将
其拖曳至画布图像中，如图 8.128 所示。

图 8.128　添加素材

STEP 04 在【图层】面板中，选中【相机】组，
单击面板底部的【添加图层样式】按钮*fx*，在
弹出的快捷菜单中选择【渐变叠加】命令。

STEP 05 在弹出的【图层样式】对话框中将【渐
变】更改为黑色到透明再到黑色，【混合模式】
更改为【柔光】，【不透明度】更改为30，【缩
放】更改为60，完成之后单击【确定】按钮，
如图 8.129 所示。

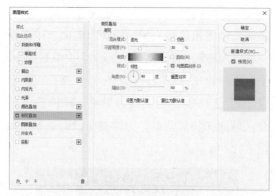

图 8.129　设置渐变叠加

STEP 06 选择工具箱中的【圆角矩形工具】，
在选项栏中将【填充】更改为白色，【描边】
更改为无，【半径】更改为5，在相机屏幕位
置绘制一个圆角矩形，将生成一个【圆角矩形1】
图层，如图 8.130 所示。

图 8.130　绘制图形

STEP 07 选中【图层1】图层，执行菜单栏中
的【图层】|【创建剪贴蒙版】命令，为当前图
层创建剪贴蒙版将部分图像隐藏，如图 8.131
所示。

图 8.131　创建剪贴蒙版

STEP 08 在画布中按 Ctrl+T 组合键对图像执
行【自由变换】命令，将图像等比例缩小，完
成之后按 Enter 键确认，效果如图 8.132 所示。

图 8.132　缩小图像

STEP 09 在【图层】面板中，单击面板底部的【创
建新的填充或调整图层】按钮，在弹出的快
捷菜单中选择【色阶】命令，在出现的面板中
将数值更改为（0, 1.03, 180），单击面板底
部的【此调整影响下面的所有图层】按钮，
如图 8.133 所示。

图 8.133　调整色阶

3. 添加细节元素

STEP 01 选择工具箱中的【圆角矩形工具】，在选项栏中将【填充】更改为白色，【描边】更改为无，【半径】更改为 5，在相机屏幕位置绘制一个圆角矩形，将生成一个【圆角矩形 2】图层，效果如图 8.134 所示。

图 8.134　绘制图形

STEP 02 选中【圆角矩形 2】图层，将其图层【不透明度】更改为 30，效果如图 8.135 所示。

图 8.135　更改图层不透明度

STEP 03 在【图层】面板中，选中【圆角矩形 2】图层，单击面板底部的【添加图层蒙版】按

钮，为其添加图层蒙版。

STEP 04 选择工具箱中的【多边形套索工具】，在相机屏幕位置绘制一个不规则选区，如图 8.136 所示。

图 8.136　绘制选区

STEP 05 将选区填充为黑色将部分图形隐藏，完成之后按 Ctrl+D 组合键将选区取消，效果如图 8.137 所示。

图 8.137　隐藏图形

STEP 06 选择工具箱中的【钢笔工具】，在选项栏中单击【选择工具模式】 路径 按钮，在弹出的选项中选择【形状】，将【填充】更改为无，【描边】更改为白色，【宽度】更改为 5。

STEP 07 在图像左上角位置绘制一个直角线段，将生成一个【形状 2】图层，如图 8.138 所示。

STEP 08 在【图层】面板中，选中【形状 2】图层，将其拖曳至面板底部的【创建新图层】按钮上，复制一个【形状 2 拷贝】图层。

图 8.138　绘制线段

图 8.139　复制图形

STEP 09 选中【形状 2 拷贝】图层，按 Ctrl+T 组合键对其执行【自由变换】命令，单击鼠标右键，从弹出的快捷菜单中选择【水平翻转】命令，完成之后按 Enter 键确认，将其向右侧平移至右上角与原图形相对应位置，效果如图 8.139 所示。

STEP 10 以同样方法将线段再复制两份并向下移动翻转，效果如图 8.140 所示。

STEP 11 选择工具箱中的【横排文字工具】 **T**，添加文字（苹方），这样就完成了效果制作，如图 8.141 所示。

图 8.140　复制图形

图 8.141　添加文字后的效果

8.19　戒指特效在婚礼广告图中的表现

 实例分析

　　本例讲解戒指特效在婚礼广告图中的表现，将花瓣图像与戒指图像相结合，并经过微调和修饰，最后再添加装饰元素及文字信息，即可完成效果制作，最终效果如图 8.142 所示。

难度：☆☆☆		
素材文件：调用素材＼第 8 章＼花瓣.jpg、戒指.psd、飞舞花瓣.psd		
案例文件：源文件＼第 8 章＼戒指特效在婚礼广告图中的表现.psd		
视频文件：视频教学＼第 8 章＼8.19　戒指特效在婚礼广告图中的表现.mp4		

图 8.142　最终效果

1. 处理背景素材图像

STEP 01 执行菜单栏中的【文件】|【新建】命令,新建一个【宽度】为400像素、【高度】为 500 像素、【分辨率】为 72 像素 / 英寸的空白画布。然后执行菜单栏中的【文件】|【打开】命令,选择"花瓣 .jpg、戒指 .psd"文件,将其打开并拖曳至当前画布中,花瓣所在图层名称将自动更改为"图层 1"。

STEP 02 在【图层】面板中,选中【图层 1】图层,将其拖曳至面板底部的【创建新图层】按钮上,复制一个【图层 1 拷贝】图层。

STEP 03 选中【图层 1 拷贝】图层,在画布中按 Ctrl+T 组合键对其执行【自由变换】命令,将图像等比例缩小,完成之后按 Enter 键确认,如图 8.143 所示。

图 8.143　缩小图像

STEP 04 在【图层】面板中,将【图层 1】图层移至所有图层上方。

STEP 05 选择工具箱中的【磁性套索工具】,在图像中部分花瓣图像上沿其边缘绘制选区将其选取,如图 8.144 所示。

图 8.144　绘制选区

STEP 06 执行菜单栏中的【图层】|【新建】|【通过拷贝的图层】命令,将生成的图层名称更改为"花瓣",如图 8.145 所示。

图 8.145　更改图层名称

STEP 07 以同样方法制作出多个新花瓣图层后

将【图层 1】图层删除，如图 8.146 所示。

图 8.146　制作花瓣图层

2. 制作细节特效

STEP 01 在【图层】面板中，选中【戒指】图层，单击面板底部的【添加图层蒙版】按钮，为其添加图层蒙版。

STEP 02 选择工具箱中的【磁性套索工具】，在戒指图像底部与花瓣接触的区域绘制一个不规则选区选取部分图像，如图 8.147 所示。

图 8.147　绘制选区

STEP 03 将选区填充为黑色将部分图像隐藏，完成之后按 Ctrl+D 组合键将选区取消，效果如图 8.148 所示。

图 8.148　隐藏图像

STEP 04 在【图层】面板中，选中【戒指】图层，将其拖曳至面板底部的【创建新图层】按钮上，复制一个【戒指 拷贝】图层。

STEP 05 在【图层】面板中，选中【戒指】图层，单击面板上方的【锁定透明像素】按钮，将透明像素锁定，将图像填充为深红色（R：48，G：0，B：13），填充完成之后再次单击此按钮将其解除锁定，如图 8.149 所示。

图 8.149　锁定透明像素并填充颜色

STEP 06 选中【戒指】图层，执行菜单栏中的【滤镜】|【模糊】|【高斯模糊】命令，在弹出的对话框中将【半径】更改为 5，完成之后单击【确定】按钮，效果如图 8.150 所示。

图 8.150　添加高斯模糊

STEP 07 在【图层】面板中，选中【戒指】图层的蒙版图层。

STEP 08 选择工具箱中的【画笔工具】，在画布中单击鼠标右键，在弹出的面板中选择一种圆角笔触，将【大小】更改为 50 像素，【硬度】更改为 0，如图 8.151 所示。

图 8.151　设置笔触

STEP 09 将前景色更改为黑色，在图像上部分区域涂抹将其隐藏，效果如图 8.152 所示。

图 8.152　隐藏图像

3. 处理细节特效

STEP 01 分别选中之前通过复制的图层所生成的几个花瓣图层，在图像中将其适当缩小并放在戒指旁边的位置，如图 8.153 所示。

图 8.153　变换图像

STEP 02 在【图层】面板中，选中【花瓣】图层，单击面板底部的【添加图层样式】按钮 *fx*，在弹出的快捷菜单中选择【投影】命令。

STEP 03 在弹出的【图层样式】对话框中将【混合模式】更改为【正片叠底】，【颜色】更改为黑色，【不透明度】更改为 20，取消勾选【使用全局光】复选框，将【角度】更改为 100，【距离】更改为 3，【大小】更改为 3，完成之后单击【确定】按钮，如图 8.154 所示。

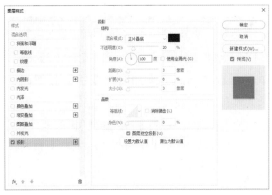

图 8.154　设置投影

STEP 04 在【花瓣】图层名称上单击鼠标右键，从弹出的快捷菜单中选择【拷贝图层样式】命令，再同时选中其他几个花瓣图层，在其图层名称上单击鼠标右键，从弹出的快捷菜单中选择【粘贴图层样式】命令，如图 8.155 所示。

图 8.155　复制并粘贴图层样式

4. 添加装饰元素

STEP 01 选择工具箱中的【矩形工具】▭，在选项栏中将【填充】更改为无，【描边】更改为白色，【宽度】更改为 10，绘制一个矩形，此时将生成一个【矩形 1】图层，如图 8.156 所示。

STEP 02 选择工具箱中的【横排文字工具】 T，添加文字（苹方），如图 8.157 所示。

图 8.156　绘制矩形　　图 8.157　添加文字

STEP 03 在【图层】面板中，选中【矩形 1】图层，单击面板底部的【添加图层蒙版】按钮，为其添加图层蒙版。

STEP 04 选择工具箱中的【矩形选框工具】，在矩形顶部文字位置绘制一个矩形选区，如图 8.158 所示。

STEP 05 将选区填充为黑色将部分图形隐藏，完成之后按 Ctrl+D 组合键将选区取消，效果如图 8.159 所示。

STEP 06 执行菜单栏中的【文件】|【打开】命令，选择"飞舞花瓣 .psd"文件，将其打开并拖曳至当前画布中缩小，效果如图 8.160 所示。

STEP 07 以刚才同样的方法为【飞舞花瓣】添加图层蒙版，并在所覆盖文字的花瓣上绘制选区，将选区填充为黑色并对部分图形隐藏，这样就完成了效果制作，如图 8.161 所示。

图 8.158　绘制选区　　　图 8.159　隐藏图形

图 8.160　添加素材　　　图 8.161　填充后的效果

8.20　拓展训练

基于店铺广告合成的重要性，本节安排了 2 个课后训练，以更好地让读者练习，掌握各种特效在广告中的应用技巧

训练 8-1　糖果文字在服饰广告中的应用

 实例分析

本例练习糖果文字的制作，在制作过程中以糖果色彩为中心，在视觉处理上使其整体更加富有色彩感。最终效果如图 8.162 所示。

难度：☆☆☆
素材文件：调用素材 \ 第 8 章 \ 背影 2.jpg、人物 .psd
案例文件：源文件 \ 第 8 章 \ 糖果文字在服饰广告中的应用 .psd
视频文件：视频教学 \ 第 8 章 \ 训练 8-1　糖果文字在服饰广告中的应用 .mp4

图 8.162 最终效果

步骤分解如图 8.163 所示。

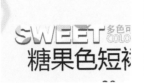

图 8.163 步骤分解图

训练 8-2 水泡艺术在美妆广告中的应用

📖 实例分析

本例练习水泡艺术在美妆广告中的应用，通过水泡起飞的特效处理，展示出其保湿柔肤的质感。最终效果如图 8.164 所示。

难度：☆☆☆
素材文件：调用素材 \ 第 8 章 \ 背影 3.jpg、爽肤水.psd
案例文件：源文件 \ 第 8 章 \ 水泡艺术在美妆广告中的应用.psd
视频文件：视频教学 \ 第 8 章 \ 训练 8-2 水泡艺术在美妆广告中的应用.mp4

图 8.164 最终效果

步骤分解图如图 8.165 所示。

图 8.165 步骤分解图

第 9 章
CHAPTER NINE
震撼绚丽合成图制作要领

🍂 内容摘要

广告图的合成在店铺装修中占据着很大的比例，当一件商品经过抠图、调色、美化等操作之后需要将其放在广告图中进行宣传，出色的广告图合成能提升商品的质量，给人一种惊艳的视觉效果。对简单广告图的合成操作不但可以提升商品的品质感，还可以增加店铺的销量。本章列举了一些常见的广告图的合成实例来讲解合成技法，通过对本章的学习，可以掌握广告图合成技法的知识。

🍂 教学目标

- 了解震撼绚丽合成图的特点
- 了解绚丽合成图与简单广告图的区别
- 学习绚丽合成图的色彩应用
- 学会绚丽合成图的合成技巧
- 掌握常见震撼绚丽合成图的制作技法

🍂 佳作欣赏

9.1　震撼绚丽合成图的特点

　　震撼绚丽合成图是指通过特殊的图像处理技法，将看似无关的图像或者元素相结合生成一种新的合成效果，新的合成图效果非常震撼大气，具有极佳的视觉冲击力，带给人们一种惊艳的视觉效果，以此来增加商品的吸引力，通过对这种合成图的制作，达到一种出色的整体商品图效果。震撼绚丽合成图效果如图 9.1 所示。

图 9.1　震撼绚丽合成图效果

9.2　绚丽合成图与简单广告图的区别

　　绚丽合成图与简单广告图的最本质区别在于合成过程的简单与复杂，在绚丽合成图的合成操作过程中，需要注意很多地方的搭配是否完美、构图是否合适、整体的视觉效果是否达到预期目的，这些都是在合成过程中需要重点留意的地方，而相比之下简单广告图的重点在于突出图像本身的特点，因此只要不违背商品本身的特点即可。绚丽合成图与简单广告图的区别如图 9.2 所示。

图 9.2　绚丽合成图与简单广告图的区别

9.3 绚丽合成图的重点

绚丽合成图中的重点在于突出制作者的基本功与创意能力，很多让人印象深刻的合成作品，大都有一个共同点，就是充满创意和想象力，因此在合成过程中的创意与想象力显得尤为重要，创意合成图效果如图9.3所示。

★ 匹配元素，在选择要组合的元素时，需要确保它们匹配。首先要选择透视图匹配的元素，然后确保光源在所合成的元素之间是相对相似的。

★ 在选区上多下功夫，所谓的选区，通俗来讲就是抠图，时间要多花在选区上。合成大师曾经说过他自己80%的创作时间都花在了准确的选择上，这会在最终的作品中产生巨大的变化。

★ 注意背景的大气深度，增加复合材料的元素是深度，特别是大气深度，当背景中的元素越多，对比度就越小。它离前景越近，它的反差就越大。因此，当将元素放在组合中时，请确保根据此方法编辑它们。

★ 用颜色把所有的东西都拼在一起，图像接近完成时，使用颜色梯度或梯度映射将其全部组合到一起，并给出合成的最终外观。

★ 主题放在中间，介于前景和背景之间，这样会有益于更好地突出想要表现的主题。

图9.3　创意合成图效果

9.4　绚丽合成图的色彩应用

绚丽合成图的合成过程很重要，但是其色彩应用同样也十分重要，就像是完成了所有的合成工作，但最终的色彩需要达到一个完美的平衡一样，在实际合成过程中，随时都会遇到需要匹配颜色的地方，比如，前期提供一个高质量的商品图，那么就需要进行色彩匹配，以保证最终合成效果与整体的图像要求是一致的。绚丽合成图的色彩应用效果如图 9.4 所示。

★ 降低合成素材的饱和度。

★ 开始确定大体的色调，这一步只是确定大体色调不必太精准，确定一个色彩的偏离方向。

★ 调一下光影明暗，这其实比色调要重要。根据光的方向来调整。

★ 整体色调，用双曲线或色阶都可以，用这两个工具的好处是，在调整色调的同时也可以调整明暗面的冷暖。

图 9.4　绚丽合成图的色彩应用效果

9.5　绚丽合成图的合成技巧

从基础类型的简单合成到高级的绚丽合成图的制作过程中，始终围绕着合成的本身来进行制作，下面几种合成技巧可以让合成过程更加高效，同时最终的合成效果也更加完美。

★ 制作合成图，需要有自己的创意，脑海里要有一个整体的构图，没有构图就会无从下手。

★ 素材的拼接，找到一张合适的素材会非常有用，如果素材不合适效果也会大打折扣，图片的拼接一般会使用蒙版工具，然后再使用画笔来擦除。合成主要靠的是自己的创意和想法，没有什么太多规定，不要被固定思维所局限。

★ 注意整体图片的色调搭配，色彩的搭配很重要，如果有光照的话也需要做好光影的效果，还可以使用画笔来刷出阴影。

★ 滤镜中有很多效果可以让图片变得丰富多彩，如果觉得图片不合适可以适当地调节滤镜中的变化。

★ 整体色彩调整，可以通过调整可选颜色，然后反选蒙版，最后擦出自己想要的颜色，可选颜色和色彩平衡可以帮助调整整个图片的色调，使整体更融合。

★ 高反差保留，新建一个可以保留图片的整体轮廓，使调整图片时不会因为轮廓被画笔涂抹掉。

★ 可以每次做完调整后都盖印一个图层保留，方便修改和备份。快捷键是 Ctrl+Shift+Alt+E。盖印图层会盖印出之前所有的效果，把它放在图层的顶端即可。

9.6 清新女士香水合成图

实例分析

本例讲解清新女士香水合成图，本例的合成效果首先以蓝天作为背景，然后添加白云和地面的青草作为装饰元素，再添加香水商品图像及文字装饰完成制作，最终效果如图 9.5 所示。

难度：☆☆☆☆
素材文件：调用素材 \ 第 9 章 \ 蓝天 .jpg、白云 .jpg、香水 .png、绿草 .png、茉莉花 .png
案例文件：源文件 \ 第 9 章 \ 清新女士香水合成图 .psd
视频文件：视频教学 \ 第 9 章 \9.6 清新女士香水合成图 .mp4

图 9.5 最终效果

1. 制作氛围背景

STEP 01 执行菜单栏中的【文件】|【新建】命令，在弹出的对话框中设置【宽度】为 800 像素，【高度】为 950 像素，【分辨率】为 72 像素 / 英寸，新建一个空白画布。

STEP 02 执行菜单栏中的【文件】|【打开】命令，选择"蓝天 .jpg、白云 .jpg"文件，并将其打开，将其拖曳至画布中并适当缩放及移动，如图 9.6 所示。

STEP 03 选中白云图像，将其复制数份并分别放在不同位置后适当缩小及旋转，效果如图 9.7 所示。

图 9.6　添加素材

图 9.9　涂抹图像

STEP 08 在【图层】面板中，单击面板底部的【创建新的填充或调整图层】按钮，在弹出的快捷菜单中选择【色相/饱和度】命令，在出现的面板中，单击面板底部的【此调整影响下面的所有图层】按钮，将【饱和度】更改为 -30，如图 9.10 所示。

图 9.7　复制白云图像

STEP 04 选择工具箱中的【橡皮擦工具】，在画布中单击鼠标右键，在弹出的面板中选择一种圆角笔触，将【大小】更改为 150 像素，【硬度】更改为 0，如图 9.8 所示。

图 9.10　设置色相/饱和度

STEP 09 在【图层】面板中，单击面板底部的【创建新的填充或调整图层】按钮，在弹出的快捷菜单中选择【纯色】命令，在出现的对话框中将颜色更改为黑色，完成之后单击【确定】按钮。

STEP 10 在【图层】面板中，选中【颜色填充1】图层，将其图层混合模式设置为【叠加】，【不透明度】更改为 60%，如图 9.11 所示。

图 9.8　设置笔触

STEP 05 选中右侧及顶部的白云图像，在图像中涂抹，将边缘软化，效果如图 9.9 所示。

STEP 06 在【图层】面板中，单击面板底部的【创建新图层】按钮，新建一个【图层 2】图层。

STEP 07 选中【图层 2】图层，按 Ctrl+Alt+Shift+E 组合键盖印可见图层。

图 9.11　更改图层混合模式

2. 添加素材并进行修饰

STEP 01 执行菜单栏中的【文件】|【打开】命令，
选择"香水 .png、绿草 .png"文件，并将其打开，
将其拖曳至画布中并适当缩放及移动，如图 9.12
所示。

图 9.12　添加素材

STEP 02 在【图层】面板中，选中【绿草】图层，
将其拖曳至面板底部的【创建新图层】按钮 ⊞ 上，
复制一个【绿草 拷贝】图层。

STEP 03 选中【绿草】图层，在画布中按
Ctrl+T 组合键对其执行【自由变换】命令，将
图像等比例缩小，完成之后按 Enter 键确认，
效果如图 9.13 所示。

图 9.13　复制图像

STEP 04 在【绿草】图层名称上右击鼠标，从
弹出的快捷菜单中选择【转换为智能对象】命令，
将该图层转换为智能对象，如图 9.14 所示。

STEP 05 执行菜单栏中的【滤镜】|【模糊】|【高
斯模糊】命令，在弹出的对话框中将【半径】
更改为 3，完成之后单击【确定】按钮，效果
如图 9.15 所示。

图 9.14　转换为智能对象

图 9.15　添加高斯模糊

STEP 06 在【图层】面板中，选中【绿草 拷贝】
图层，单击面板底部的【添加图层蒙版】按钮 ▢，
为其添加图层蒙版，如图 9.16 所示。

图 9.16　添加图层蒙版

STEP 07 选择工具箱中的【套索工具】 ◯，
在绿草与香水接触的图像区域绘制选区，如
图 9.17 所示。

图 9.17　绘制选区

STEP 08 将选区填充为黑色将部分图像隐藏，完成之后按Ctrl+D组合键将选区取消，如图9.18所示。

图 9.18　隐藏图像

STEP 09 在【图层】面板中，选中【绿草 拷贝】图层，单击面板底部的【添加图层样式】按钮*fx*，在弹出的快捷菜单中选择【投影】命令。

STEP 10 在弹出的【图层样式】对话框中将【混合模式】更改为【正片叠底】，【颜色】更改为深绿色（R：28，G：47，B：0），【不透明度】更改为60，取消勾选【使用全局光】复选框，将【角度】更改为 -22，【距离】更改为3，【大小】更改为80，完成之后单击【确定】按钮，如图9.19所示。

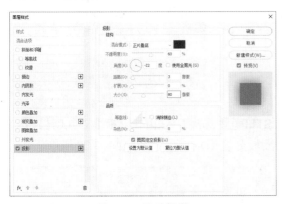

图 9.19　设置投影

STEP 11 在【图层】面板中，选中【香水】图层，将其拖曳至面板底部的【创建新图层】按钮 上，复制一个【香水 拷贝】图层。

STEP 12 在画布中按 Ctrl+T 组合键对其执行【自由变换】命令，将图像等比例缩小并适当旋转，完成之后按Enter键确认，再向右侧移动。

STEP 13 在【图层】面板中，单击面板底部的【创建新的填充或调整图层】按钮 ，在弹出的菜单中选择【色相/饱和度】命令，在出现的面板中将【色相】更改为 +180，单击面板底部的【此调整影响下面的所有图层】按钮 ，如图 9.20 所示。

图 9.20　调整色相/饱和度

STEP 14 以刚才同样方法在右侧香水瓶与绿草接触区域绘制选区并为【绿草 拷贝】图层蒙版填充黑色，将部分绿草图像隐藏，如图9.21所示。

图 9.21　将图像隐藏

STEP 15 执行菜单栏中的【文件】|【打开】命令，选择"茉莉花.png"文件，并将其打开。

STEP 16 将茉莉花图像拖曳至左侧香水图像位置并在【图层】面板中，将其移至【香水】图层上方，如图9.22所示。

图 9.22　添加素材

STEP 17 将茉莉花复制一份并放在香水下方，效果如图 9.23 所示。

图 9.23　复制素材图像

STEP 18 在【绿草 拷贝】图层名称上单击鼠标右键，从弹出的快捷菜单中选择【拷贝图层样式】命令，在【茉莉 拷贝】图层名称上单击鼠标右键，从弹出的快捷菜单中选择【粘贴图层样式】命令。

STEP 19 双击【茉莉 拷贝】图层样式名称，在弹出的对话框中将【角度】更改为 26，【距离】更改为 10，【大小】更改为 35，完成之后单击【确定】按钮，如图 9.24 所示。

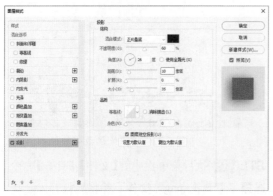

图 9.24　设置图层样式

STEP 20 选择工具箱中的【横排文字工具】 T，添加文字（Didot），效果如图 9.25 所示。

图 9.25　添加文字

3. 添加文字及装饰

STEP 01 选择工具箱中的【椭圆工具】 ，在选项栏中将【填充】更改为浅红色（R：253，G：197，B：212），【描边】更改为无，在文字右下角位置按住 Shift 键绘制一个正圆，将生成一个【椭圆 1】图层，效果如图 9.26 所示。

图 9.26　绘制正圆

STEP 02 选择工具箱中的【矩形工具】 ，在选项栏中将【填充】更改为浅红色（R：253，G：197，B：212），【描边】更改为无，在正圆左上角按住 Shift 键绘制一个矩形，如图 9.27 所示。

图 9.27　绘制矩形

STEP 03 选择工具箱中的【横排文字工具】 T，添加文字（Didot），效果如图 9.28 所示。

图 9.28　添加文字

STEP 04 在【图层】面板中,单击面板底部的【创建新的填充或调整图层】按钮⊘,在弹出的菜单中选择【色相/饱和度】命令,在出现的面板中,将【饱和度】更改为 10,如图 9.29 所示。

图 9.29　调整色相/饱和度

STEP 05 在【图层】面板中,单击面板底部的【创建新的填充或调整图层】按钮⊘,在弹出的菜单中选择【纯色】命令,在出现的对话框中将颜色更改为黄色(R:255,G:254,B:238),完成之后单击【确定】按钮。

STEP 06 在【图层】面板中,选中【颜色填充2】图层,将其图层混合模式设置为【柔光】,如图 9.30 所示。

图 9.30　更改图层混合模式

STEP 07 选择工具箱中的【画笔工具】🖌,

在画布中单击鼠标右键,在弹出的面板中选择一种圆角笔触,将【大小】更改为 614 像素,【硬度】更改为 0,如图 9.31 所示。

图 9.31　设置笔触

STEP 08 将前景色更改为黑色,在图像上部分区域涂抹将不需要的颜色隐藏,提升周围亮度,这样就完成了合成操作,效果如图 9.32 所示。

图 9.32　合成操作后的效果

9.7　制作冰箱特效广告图

🎓 实例分析

本例讲解制作冰箱特效广告图,本例在制作过程中以冰川、冰河等和冰有关的素材作为主视觉图像,以此凸显冰箱的商品特点,最终效果如图 9.33 所示。

难度：☆☆☆☆☆
素材文件：调用素材 \ 第 9 章 \ 冰河 .jpg、冰箱素材 .psd、积雪 .psd
案例文件：源文件 \ 第 9 章 \ 制作冰箱特效广告图 .psd
视频文件：视频教学 \ 第 9 章 \9.7　制作冰箱特效广告图 .mp4

图 9.33　最终效果

1. 制作氛围背景

STEP 01 执行菜单栏中的【文件】|【新建】命令，在弹出的对话框中设置【宽度】为 1000 像素，【高度】为 450 像素，【分辨率】为 72 像素 / 英寸，新建一个空白画布。

STEP 02 执行菜单栏中的【文件】|【打开】命令，选择"冰河 .jpg"文件，将其打开并拖曳至画布中缩小至与画布相同高度，将生成一个【图层 1】图层。

STEP 03 在【图层】面板中，选中【图层 1】图层，将其拖曳至面板底部的【创建新图层】按钮⊞上，复制一个【图层 1 拷贝】图层。

STEP 04 选中【图层 1 拷贝】图层，按 Ctrl+T 组合键对其执行【自由变换】命令，单击鼠标右键，从弹出的快捷菜单中选择【水平翻转】命令，完成之后按 Enter 键确认，将图像右侧与画布右侧对齐，如图 9.34 所示。

图 9.34　变换图像

STEP 05 在【图层】面板中，选中【图层 1 拷贝】图层，单击面板底部的【添加图层蒙版】按钮◻，为其图层添加图层蒙版。

STEP 06 选择工具箱中的【画笔工具】🖌，在画布中单击鼠标右键，在弹出的面板中选择一种圆角笔触，将【大小】更改为 150 像素，【硬度】更改为 0。

STEP 07 将前景色更改为黑色，在图像上部分区域涂抹将其隐藏，效果如图 9.35 所示。

图 9.35　隐藏图像

> **提示**
>
> 为了使隐藏后的图像与原图像边缘过渡更加自然，可以在隐藏图像过程中适当更改画笔大小及硬度。

STEP 08 在【图层】面板中，单击面板底部的【创建新的填充或调整图层】按钮◯，在弹出的菜单中选择【色相 / 饱和度】命令，在出现的面板中将【饱和度】更改为 –20，如图 9.36 所示。

图 9.36　调整色相 / 饱和度

STEP 09 在【图层】面板中，单击面板底部的【创建新的填充或调整图层】按钮●，在弹出的菜单中选择【色阶】命令，在出现的面板中将数值更改为（27，1.42，255），如图 9.37 所示。

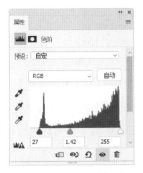

图 9.37　调整色阶

STEP 10 执行菜单栏中的【文件】|【打开】命令，选择"冰箱素材 .psd"文件，将其打开并拖曳至画布中，如图 9.38 所示。

图 9.38　添加素材

STEP 11 在【图层】面板中，选中【冰箱】图层，单击面板底部的【添加图层样式】按钮fx，在弹出的快捷菜单中选择【渐变叠加】命令。

STEP 12 在弹出的【图层样式】对话框中将【混合模式】更改为【叠加】，【不透明度】更改为 50，【渐变】更改为透明到蓝色（R：0，G：

174，B：255），【角度】更改为 0，完成之后单击【确定】按钮，如图 9.39 所示。

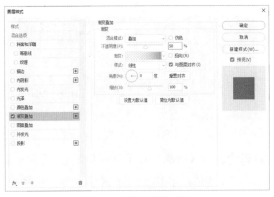

图 9.39　设置渐变叠加

STEP 13 执行菜单栏中的【文件】|【打开】命令，选择"积雪 .psd"文件，将其打开并拖曳至画布中冰箱位置，如图 9.40 所示。

图 9.40　添加素材

2. 制作冰雪主题字

STEP 01 执行菜单栏中的【文件】|【新建】命令，在弹出的对话框中设置【宽度】为 850 像素，【高度】为 550 像素，【分辨率】为 72 像素 / 英寸，新建一个空白画布。

STEP 02 选择工具箱中的【渐变工具】■，编辑蓝色（R：10，G：47，B：145）到蓝色（R：3，G：160，B：241）的渐变，单击选项栏中的【线性渐变】按钮■，在画布中从上至下拖动添加渐变。

STEP 03 选择工具箱中的【横排文字工具】T，在画布中间位置添加文字（方正正粗黑简体），效果如图 9.41 所示。

图 9.41　添加文字

STEP 04 在【图层】面板中，选中【速冻保鲜】图层，在其图层名称上单击鼠标右键，从弹出的快捷菜单中选择【栅格化文字】命令，再将其拖曳至面板底部的【创建新图层】按钮⊞上，复制一个【速冻保鲜 拷贝】图层，将【速冻保鲜 拷贝】图层暂时隐藏，如图 9.42 所示。

图 9.42　复制图层

STEP 05 在【图层】面板中，选中【背景】图层，将其拖曳至面板底部的【创建新图层】按钮上，复制一个【背景 拷贝】图层，如图 9.43 所示。

STEP 06 同时选中【速冻保鲜】及【背景 拷贝】图层，按 Ctrl+E 组合键将其合并，将生成一个【速冻保鲜】图层，如图 9.44 所示。

图 9.43　复制图层　　　图 9.44　合并图层

STEP 07 执行菜单栏中的【滤镜】|【像素化】|【碎片】命令，效果如图 9.45 所示。

图 9.45　添加碎片效果

STEP 08 按 Ctrl+F 组合键两次重复执行【碎片】命令，效果如图 9.46 所示。

图 9.46　重复添加碎片效果

STEP 09 执行菜单栏中的【滤镜】|【像素化】|【晶格化】命令，在弹出的对话框中将【单元格大小】更改为 4，完成之后单击【确定】按钮，效果如图 9.47 所示。

图 9.47　添加晶格化效果

STEP 10 按 Ctrl+F 组合键两次重复执行【晶格化】命令，效果如图 9.48 所示。

图 9.48　重复添加晶格化效果

STEP 11 将【速冻保鲜 拷贝】图层显示，再按住 Ctrl 键单击其图层缩览图，如图 9.49 所示。

图 9.49 载入选区

STEP 12 在【通道】面板中，单击面板底部的【创建新通道】按钮，新建一个 Alpha 1 图层，如图 9.50 所示。

图 9.50 新建通道

STEP 13 将选区填充为白色，执行菜单栏中的【滤镜】|【模糊】|【高斯模糊】命令，在弹出的对话框中将【半径】更改为 6，完成之后单击【确定】按钮，效果如图 9.51 所示。

图 9.51 添加高斯模糊

STEP 14 执行菜单栏中的【图像】|【调整】|【色阶】命令，在弹出的【色阶】对话框中将其数值更改为（0，0.17，180），完成之后单击【确定】按钮，如图 9.52 所示。

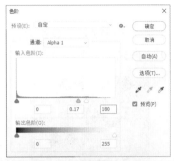

图 9.52 调整色阶

STEP 15 按住 Ctrl 键单击 Alpha 1 图层缩览图，将其载入选区。

STEP 16 回到图层面板中，将【速冻保鲜 拷贝】图层暂时隐藏，再单击面板底部的【创建新图层】按钮，新建一个【图层 1】图层，如图 9.53 所示。

图 9.53 新建图层

STEP 17 将前景色更改为白色，背景色更改为黑色，执行菜单栏中的【滤镜】|【渲染】|【云彩】命令，效果如图 9.54 所示。

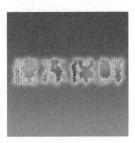

图 9.54 添加云彩效果

STEP 18 按 Ctrl+F 组合键两次，重复执行【云彩】命令，完成之后按 Ctrl+D 组合键将选区取消，如图 9.55 所示。

图 9.55　重复添加云彩效果

STEP 19 选中【图层 1】图层，执行菜单栏中的【滤镜】|【滤镜库】命令，在弹出的对话框中选择【素描】|【铬黄渐变】选项，将【细节】更改为 3，【平滑度】更改为 3，完成之后单击【确定】按钮，如图 9.56 所示。

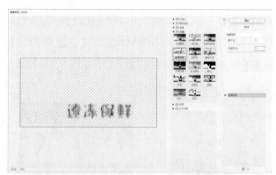

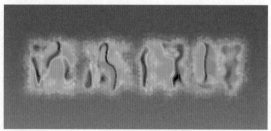

图 9.56　添加铬黄渐变

STEP 20 在【图层】面板中，选中【图层 1】图层，单击面板底部的【添加图层样式】按钮 *fx*，在弹出的快捷菜单中选择【内发光】命令。

STEP 21 在弹出的【图层样式】对话框中将【混合模式】更改为【叠加】，【不透明度】更改为 75，【颜色】更改为蓝色（R：57，G：165，B：255），【阻塞】更改为 8，【大小】

更改为 6，完成之后单击【确定】按钮，如图 9.57 所示。

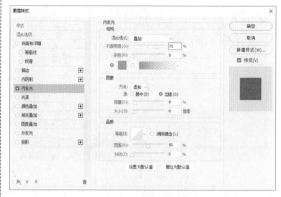

图 9.57　设置内发光

STEP 22 选中【图层 1】图层，将其图层混合模式设置为【叠加】，如图 9.58 所示。

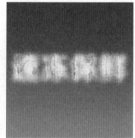

图 9.58　设置图层混合模式

STEP 23 按 Ctrl+Alt+Shift+E 组合键盖印可见图层，将生成一个【图层 2】图层，如图 9.59 所示。

STEP 24 按住 Ctrl 键单击【速冻保鲜 拷贝】图层缩览图，将其载入选区，如图 9.60 所示。

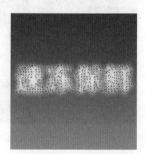

图 9.59　新建图层　　　图 9.60　载入选区

STEP 25 选中【图层 2】图层，执行菜单栏中的【图层】|【新建】|【通过拷贝的图层】命令，将生成一个【图层 3】图层，分别将【图层 2】及【速冻保鲜】图层隐藏，效果如图 9.61 所示。

图 9.61　通过拷贝的图层

STEP 26 执行菜单栏中的【图像】|【图像旋转】|【顺时针 90 度】命令，效果如图 9.62 所示。

图 9.62　旋转图像

3.　添加冰冻效果

STEP 01 选中【图层 3】图层，执行菜单栏中的【滤镜】|【风格化】|【风】命令，在弹出的对话框中分别选中【风】及【从右】单选按钮，完成之后单击【确定】按钮，如图 9.63 所示。

图 9.63　添加风效果

STEP 02 按 Ctrl+Alt+F 组合键重复执行【风】命令，效果如图 9.64 所示。

STEP 03 执行菜单栏中的【编辑】|【渐隐风】命令，在弹出的对话框中将【不透明度】更改为 50，完成之后单击【确定】按钮，效果如图 9.65

所示。

图 9.64　重复添加风效果

图 9.65　添加渐隐效果

STEP 04 执行菜单栏中的【图像】|【图像旋转】|【逆时针 90 度】命令，如图 9.66 所示。

图 9.66　旋转图像

STEP 05 在【图层】面板中，选中【图层 3】图层，单击面板底部的【添加图层样式】按钮 *fx*，在弹出的快捷菜单中选择【内发光】命令。

STEP 06 在弹出的【图层样式】对话框中将【混合模式】更改为【滤色】，【颜色】更改为蓝色（R：57，G：165，B：255），【阻塞】更改为 8，【大小】更改为 6，如图 9.67 所示。

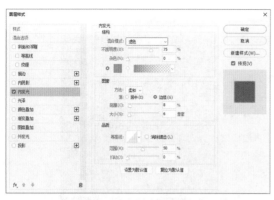

图 9.67 设置内发光

STEP 07 勾选【投影】复选框，将【混合模式】更改为【正片叠底】，【颜色】更改为蓝色（R：9，G：65，B：158），【不透明度】更改为30，取消勾选【使用全局光】复选框，将【角度】更改为90，【距离】更改为5，【大小】更改为5，完成之后单击【确定】按钮，如图9.68所示。

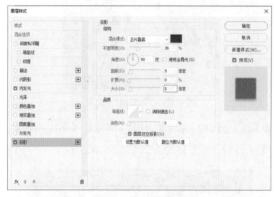

图 9.68 设置投影

STEP 08 将制作好的冰冻字编组并拖曳至冰箱广告图中靠左侧位置，如图9.69所示。

图 9.69 添加文字

STEP 09 在【图层】面板中，选中【冰冻字】组，单击面板底部的【添加图层样式】按钮 *fx*，

在菜单中选择【投影】复选框。

STEP 10 将【混合模式】更改为【正片叠底】，将【颜色】更改为深蓝色（R：5，G：87，B：127），将【不透明度】更改为50，取消勾选【使用全局光】复选框，将【角度】更改为90，将【距离】更改为5，【大小】更改为5，完成之后单击【确定】按钮，如图9.70所示。

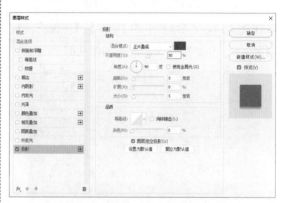

图 9.70 添加投影

STEP 11 选择工具箱中的【画笔工具】 ，执行菜单栏中的【窗口】|【画笔设置】命令，在出现的面板中的【画笔笔尖形状】中选择一种圆形笔触，将【大小】更改为20像素，【间距】更改为1000%，如图9.71所示。

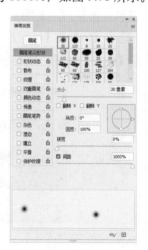

图 9.71 设置画笔笔尖形状

STEP 12 勾选【形状动态】复选框，将【大小抖动】更改为75%，如图9.72所示。

图 9.72　设置形状动态

STEP 13 勾选【散布】复选框，将【散布】更改为 1000%，如图 9.73 所示。

图 9.73　设置散布

STEP 14 勾选【平滑】复选框，如图 9.74 所示。

图 9.74　勾选【平滑】复选框

STEP 15 在【图层】面板中，单击面板底部的【创建新图层】按钮，新建一个【图层 4】图层。

STEP 16 将前景色更改为白色，在图像中按住左键拖动添加雪花图像，如图 9.75 所示。

图 9.75　添加雪花图像

STEP 17 选中【图层 4】图层，执行菜单栏中的【滤镜】|【模糊】|【动感模糊】命令，在弹出的对话框中将【角度】更改为 30，将【距离】更改为 20，完成之后单击【确定】按钮，如图 9.76 所示。

图 9.76　添加动感模糊

STEP 18 在【图层】面板中，单击面板底部的【创建新图层】按钮，新建一个【图层 5】图层。

STEP 19 选中【图层 5】图层，按 Ctrl+Alt+Shift+E 组合键盖印可见图层。

STEP 20 选中【图层 5】图层，将其图层混合模式设置为【正片叠底】，效果如图 9.77 所示。

图 9.77　更改图层混合模式

STEP 21 在【图层】面板中，选中【正片叠底】图层，单击面板底部的【添加图层蒙版】按钮█，为其添加图层蒙版。

STEP 22 选择工具箱中的【画笔工具】✏，在画布中单击鼠标右键，在弹出的面板中选择一种圆角笔触，将【大小】更改为250像素，【硬度】更改为0%。

STEP 23 将前景色更改为黑色，在图像上中间

区域涂抹将颜色过深区域隐藏，这样就完成了效果制作，如图9.78所示。

图 9.78　涂抹后的效果

9.8　制作饮品特效图

 实例分析

　　本例讲解制作饮品特效图，本例的制作主要以添加素材并处理作为重点，首先制作背景，并在背景上添加素材后进行处理及调色即可完成效果制作，最终效果如图9.79所示。

难度：☆☆☆
素材文件：调用素材 \ 第 9 章 \ 木板 .psd、水果 .psd、饮料 .psd、叶 .psd
案例文件：源文件 \ 第 9 章 \ 制作饮品特效图 .psd
视频文件：视频教学 \ 第 9 章 \9.8　制作饮品特效图 .mp4

图 9.79　最终效果

1. 制作主题背景

STEP 01 执行菜单栏中的【文件】|【新建】命令，在弹出的对话框中设置【宽度】为700像素，【高度】为1000像素，【分辨率】为72像素/英寸，新建一个空白画布。

STEP 02 在【图层】面板中，单击面板底部的【创建新图层】按钮⊞，新建一个【图层 1】图层并将其填充为白色。

STEP 03 在【图层】面板中，单击面板底部的【添加图层样式】按钮*fx*，在弹出的快捷菜单中选择【渐变叠加】命令。

STEP 04 在弹出的【图层样式】对话框中将【渐变】更改为紫色（R：234，G：52，B：148）到紫色（R：175，G：5，B：78），【样式】更改为【径向】，完成之后单击【确定】按钮，如图9.80所示。

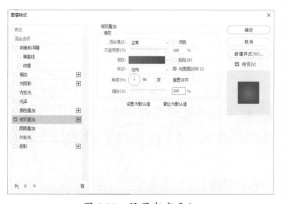

图 9.80　设置渐变叠加

STEP 05 执行菜单栏中的【文件】|【打开】命令，选择"木板.psd"文件并打开，将打开的素材拖曳至画布中并缩小，如图9.81所示。

STEP 06 选中【木板】图层，按Ctrl+T组合键对其执行【自由变换】命令，单击鼠标右键，从弹出的快捷菜单中选择【透视】命令，拖动变形框控制点将图像变形，完成之后按Enter键确认，如图9.82所示。

STEP 07 选择工具箱中的【矩形选框工具】▢，在木板图像上半部分绘制一个选区，选中【木板】图层，按Delete键将选区中图像删除，完成之后按Ctrl+D组合键将选区取消，效果如图9.83所示。

图 9.81　添加素材　　　图 9.82　将图像变形

图 9.83　将图像删除

STEP 08 选择工具箱中的【矩形工具】▢，在选项栏中将【填充】更改为黑色，【描边】更改为无，在木板下方绘制一个矩形，此时将生成一个【矩形 1】图层，如图9.84所示。

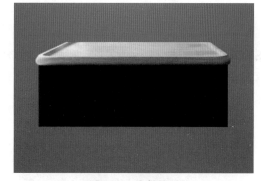

图 9.84　绘制图形

STEP 09 选中【矩形 1】图层，执行菜单栏中的【滤镜】|【模糊】|【高斯模糊】命令，在弹出的对话框中将【半径】更改为5，完成之后单击【确定】按钮，效果如图9.85所示。

STEP 10 执行菜单栏中的【滤镜】|【模糊】|【动

感模糊】命令，在弹出的对话框中将【角度】更改为 90，【距离】更改为 130，设置完成之后单击【确定】按钮，如图 9.86 所示。

图 9.85　添加高斯模糊　　图 9.86　添加动感模糊

STEP 11 在【图层】面板中，选中【矩形 1】图层，单击面板底部的【添加图层蒙版】按钮 ■ ，为其添加图层蒙版，如图 9.87 所示。

STEP 12 选择工具箱中的【画笔工具】 ✦ ，在画布中单击鼠标右键，在弹出的面板中选择一种圆角笔触，将【大小】更改为 200 像素，【硬度】更改为 0，如图 9.88 所示。

图 9.87　添加图层蒙版　　图 9.88　设置笔触

STEP 13 将前景色更改为黑色，在图像上部分区域涂抹将其隐藏，如图 9.89 所示。

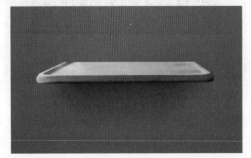

图 9.89　隐藏图像

STEP 14 同时选中【矩形 1】及【木板】图层，按 Ctrl+G 组合键将其编组，将生成的组名称更

改为"托盘"。

STEP 15 在【图层】面板中，选中【托盘】组，将其拖曳至面板底部的【创建新图层】按钮 ⊞ 上，复制数个【托盘 拷贝】组，如图 9.90 所示。

STEP 16 分别选中刚才复制生成的拷贝组，在画布中将其移至适当位置再按 Ctrl+T 组合键对其执行【自由变换】命令，将图像等比例缩小，完成之后按 Enter 键确认，如图 9.91 所示。

 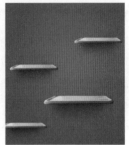

图 9.90　复制组　　图 9.91　移动及缩小图像

> **提示**
>
> 在缩小图像时，注意需要选中托盘拷贝所在的组。

2 **添加并处理素材图像**

STEP 01 执行菜单栏中的【文件】|【打开】命令，选择"水果 .psd"文件并打开，将打开的水果图像分别放在不同托盘位置，如图 9.92 所示。

图 9.92　添加素材

STEP 02 选择工具箱中的【钢笔工具】 ，在选项栏中单击【选择工具模式】 路径 按钮，在弹出的选项中选择【形状】，将【填充】更改为黑色，【描边】更改为无。

STEP 03 在葡萄图像底部位置绘制一个不规则图形，将生成一个【形状 1】图层，效果如图 9.93 所示。

STEP 04 选中【形状 1】图层，执行菜单栏中的【滤镜】|【模糊】|【高斯模糊】命令，在弹出的对话框中将【半径】更改为 3，完成之后单击【确定】按钮，效果如图 9.94 所示。

图 9.93　绘制图形　　图 9.94　添加高斯模糊

STEP 05 以同样方法在草莓图像底部位置绘制图形并添加高斯模糊制作阴影效果，如图 9.95 所示。

图 9.95　制作阴影

STEP 06 执行菜单栏中的【文件】|【打开】命令，选择"饮料 .psd"文件，并将其打开。将打开的素材图像拖曳至画布中最大托盘图像位置。

STEP 07 选择工具箱中的【椭圆工具】 ，在选项栏中将【填充】更改为黑色，【描边】更改为无，在瓶子底部位置按住 Shift 键绘制一个正圆，将生成一个【椭圆 1】图层。

STEP 08 以同样方法为其添加高斯模糊制作阴

影效果，如图 9.96 所示。

图 9.96　添加素材并制作阴影

3.　制作细节特效

STEP 01 执行菜单栏中的【文件】|【打开】命令，选择"叶 .psd"文件，并将其打开，放在饮料图像位置，并在图层面板中将其移至【饮料】图层下方，如图 9.97 所示。

STEP 02 在【图层】面板中，选中【叶】图层，将其拖曳至面板底部的【创建新图层】按钮 上，复制一个【叶 拷贝】图层，按 Ctrl+T 组合键对叶图像执行【自由变换】命令，将图像适当旋转，再将图像等比例缩小，完成之后按 Enter 键确认，如图 9.98 所示。

图 9.97　添加素材　　图 9.98　复制图像

STEP 03 选择工具箱中的【套索工具】 ，在图像中叶子位置绘制一个选区将叶子选取，如图 9.99 所示。

STEP 04 选中【叶】图层，执行菜单栏中的【图层】|【新建】|【通过拷贝的图层】命令，将生成的图层名称更改为"一片叶"，如图 9.100 所示。

图 9.99　绘制选区　　图 9.100　通过拷贝的图层

STEP 05 选中【一片叶】图层，在图像中将其移至画布右下角位置，并将其适当旋转，如图 9.101 所示。

STEP 06 执行菜单栏中的【滤镜】|【模糊】|【动感模糊】命令，在弹出的对话框中将【角度】更改为 45，【距离】更改为 60，设置完成之后单击【确定】按钮，如图 9.102 所示。

图 9.101　移动位置　　图 9.102　添加动感模糊

STEP 07 执行菜单栏中的【滤镜】|【模糊】|【高斯模糊】命令，在弹出的对话框中将【半径】更改为 5，完成之后单击【确定】按钮，如图 9.103 所示。

图 9.103　添加高斯模糊

STEP 08 在【图层】面板中，选中【叶】图层，单击面板底部的【添加图层样式】按钮 *fx*，在弹出的快捷菜单中选择【投影】命令。

STEP 09 在弹出的【图层样式】对话框中将【颜色】更改为深绿色（R：28，G：47，B：0），【不透明度】更改为 30，取消勾选【使用全局光】复选框，将【角度】更改为 109，【距离】更改为 20，【大小】更改为 6，完成之后单击【确定】按钮，如图 9.104 所示。

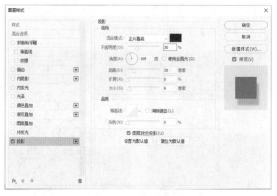

图 9.104　设置投影

STEP 10 在【叶】图层名称上单击鼠标右键，从弹出的快捷菜单中选择【拷贝图层样式】命令，在【叶 拷贝】图层名称上单击鼠标右键，从弹出的快捷菜单中选择【粘贴图层样式】命令，如图 9.105 所示。

图 9.105　复制并粘贴图层样式

4. 添加并制作文字效果

STEP 01 选择工具箱中的【横排文字工具】 **T**，添加文字（苹方），效果如图 9.106 所示。

图 9.106　添加文字

STEP 02 在【图层】面板中，选中【畅】图层，单击面板底部的【添加图层样式】按钮 *fx*，在弹出的快捷菜单中选择【投影】命令。

STEP 03 在弹出的【图层样式】对话框中将【颜色】更改为深绿色（R：28，G：47，B：0），【不透明度】更改为30，取消勾选【使用全局光】复选框，将【角度】更改为109，【距离】更改为20，【大小】更改为6，完成之后单击【确定】按钮，如图 9.107 所示。

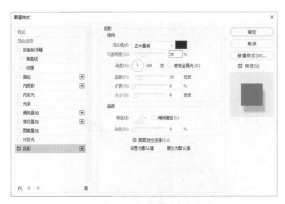

图 9.107　设置投影

STEP 04 在【畅】图层名称上单击鼠标右键，从弹出的快捷菜单中选择【拷贝图层样式】命令，同时选中【爽】、【清】、【凉】几个文字图层，在其图层名称上单击鼠标右键，从弹出的快捷

菜单中选择【粘贴图层样式】命令，如图 9.108 所示。

图 9.108　拷贝并粘贴图层样式

STEP 05 同时选中【畅】、【爽】、【清】、【凉】图层，按 Ctrl+G 组合键将其编组，将生成的组名称更改为大字，如图 9.109 所示。

图 9.109　将图层编组

STEP 06 在【图层】面板中，单击面板底部的【创建新的填充或调整图层】按钮 ◐，在弹出的菜单中选择【纯色】命令，在出现的对话框中将颜色更改为黑色。

STEP 07 在【图层】面板中，选中【颜色填充1】图层，将其图层混合模式设置为【柔光】，如图 9.110 所示。

图 9.110　添加纯色层

STEP 08 选择工具箱中的【画笔工具】🖌️，
在画布中单击鼠标右键，在弹出的面板中选择
一种圆角笔触，将【大小】更改为 400 像素，
【硬度】更改为 0%，这样就完成了效果制作，
如图 9.111 所示。

图 9.111　涂抹后的效果

9.9　制作超级户外广告图

📖 实例分析

本例讲解制作超级户外广告图，本例的制作以户外鞋子为主视觉图像，通过添加装饰图像并
与户外鞋子相结合，整个场景十分大气，最终效果如图 9.112 所示。

难度：☆☆☆☆
素材文件：调用素材＼第 9 章＼天空 .jpg、沙漠 .psd、山 .psd、装饰元素 .psd、装饰素材 2.psd
案例文件：源文件＼第 9 章＼制作超级户外广告图 .psd
视频文件：视频教学＼第 9 章＼9.9　制作超级户外广告图 .mp4

图 9.112　最终效果

1. 处理主题背景

STEP 01 执行菜单栏中的【文件】|【新建】命令，在弹出的对话框中设置【宽度】为900像素，【高度】为500像素，【分辨率】为72像素/英寸，新建一个空白画布。

STEP 02 执行菜单栏中的【文件】|【打开】命令，选择"天空.jpg"文件，并将其打开拖曳至画布中，如图9.113所示。

图 9.113　添加素材

STEP 03 选中【图层 1】图层，按 Ctrl+T 组合键对其执行【自由变换】命令，单击鼠标右键，从弹出的快捷菜单中选择【变形】命令，拖动变形框控制点将图像变形，完成之后按 Enter 键确认，效果如图9.114所示。

图 9.114　将图像变形

提示

　　将图像变形的目的是制作出广角效果，注意在拖动控制杆的时候注意画面比例。

STEP 04 执行菜单栏中的【文件】|【打开】命令，选择"沙漠.psd、山.psd"文件，并将其打开拖曳至画布中。

STEP 05 将山移至沙漠和天空之间，如图9.115所示。

图 9.115　添加素材

STEP 06 选中【山】图层，在画布中按住 Alt+Shift 组合键向右侧拖动将图像复制。

STEP 07 选中生成的【山 拷贝】图层，按 Ctrl+T 组合键对其执行【自由变换】命令，单击鼠标右键，从弹出的快捷菜单中选择【水平翻转】命令，完成之后按 Enter 键确认，如图9.116所示。

图 9.116　复制图像

2. 调整背景细节

STEP 01 选中【天空】图层，执行菜单栏中的【滤镜】|【模糊】|【径向模糊】命令，在弹出的对话框中将【数量】更改为3，分别选中【缩放】及【最好】单选按钮，完成之后单击【确定】按钮，如图9.117所示。

图 9.117　设置径向模糊

STEP 02 在【图层】面板中，选中【山 拷贝】图层，单击面板底部的【创建新的填充或调整图层】按钮，在弹出的菜单中选择【照片滤镜】

命令，在出现的面板中将【亮度】更改为30，如图9.118所示。

图9.118 设置照片滤镜

STEP 03 再次单击面板底部的【创建新的填充或调整图层】按钮◐，在弹出的菜单中选择【色阶】命令，在出现的面板中将其数值更改为（70，1.09，255），如图9.119所示。

图9.119 调整色阶

STEP 04 执行菜单栏中的【文件】|【打开】命令，选择"装饰元素.psd"文件，并将其打开拖曳至画布中放在适当位置，如图9.120所示。

图9.120 添加素材

3. 对素材图像进行调色

STEP 01 在【图层】面板中，展开【装饰元素】组，选中【树】图层，单击面板底部的【创建新的填充或调整图层】按钮◐，在弹出的菜单中选择【可选颜色】命令，在出现的面板中将【绿色】中的【青色】更改为−100，【黑色】更改为+50，单击面板底部的【此调整影响下面的所有图层】按钮，如图9.121所示。

图9.121 调整可选颜色

STEP 02 在【图层】面板中，单击面板底部的【创建新的填充或调整图层】按钮◐，在弹出的菜单中选择【色阶】命令，在出现的面板中将数值更改为（63，1.22，242），单击面板底部的【此调整影响下面的所有图层】按钮，如图9.122所示。

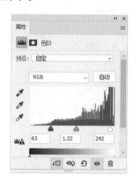 

图9.122 调整色阶

STEP 03 以同样的方法为添加的素材图像进行调色及调整色阶等操作，使装饰素材视觉效果更加协调，如图9.123所示。

图9.123 调整色彩及色阶

STEP 04 选中部分素材图像将其复制制作出真实的视觉效果，如图 9.124 所示。

图 9.124 复制素材图像

STEP 05 在【图层】面板中，选中【鞋子】图层，单击面板底部的【添加图层样式】按钮 *fx*，在弹出的快捷菜单中选择【渐变叠加】命令。

STEP 06 在弹出的【图层样式】对话框中将【渐变】更改为黑色到透明，完成之后单击【确定】按钮，如图 9.125 所示。

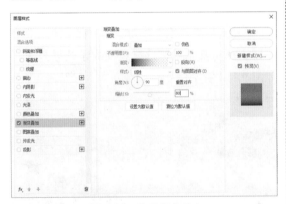

图 9.125 设置渐变叠加

4. 添加细节装饰

STEP 01 在【图层】面板中，单击面板底部的【创建新图层】按钮，新建一个【图层 1】图层，将其填充为黑色。

STEP 02 执行菜单栏中的【滤镜】|【渲染】|【镜头光晕】命令，在弹出的对话框中选中【50-300 毫米变焦】单选按钮，将【亮度】更改为 100，完成之后单击【确定】按钮，效果如图 9.126 所示。

图 9.126 添加镜头光晕

STEP 03 在【图层】面板中，选中【图层 1】图层，将其图层混合模式设置为【滤色】，如图 9.127 所示。

图 9.127 更改图层混合模式

STEP 04 在画布中按 Ctrl+T 组合键对图像执行【自由变换】命令，将图像高度等比例缩小，完成之后按 Enter 键确认，效果如图 9.128 所示。

图 9.128 缩小图像

STEP 05 在【图层】面板中，单击面板底部的【创建新图层】按钮，新建一个【图层 2】图层，将其填充为黑色，以同样方法为其添加镜头光晕并更改图层混合模式制作出太阳光效果，如图 9.129 所示。

图 9.129　制作太阳光效果

STEP 06 执行菜单栏中的【文件】|【打开】命令，选择"装饰素材 2.psd"文件，并将其打开拖曳至当前画布中。

STEP 07 选择工具箱中的【横排文字工具】**T**，添加文字（汉仪尚巍手书 W、苹方），如图 9.130 所示。

图 9.130　添加文字

STEP 08 在【图层】面板中，单击面板底部的【创建新图层】按钮⊞，新建一个【图层 3】图层。

STEP 09 选中【图层 3】图层，按 Ctrl+Alt+Shift+E 组合键盖印可见图层。

STEP 10 在【图层】面板中，选中【图层 3】

图层，将其图层混合模式设置为【正片叠底】，【不透明度】更改为 50%，如图 9.131 所示。

图 9.131　更改图层混合模式

STEP 11 在【图层】面板中，选中【图层 3】图层，单击面板底部的【添加图层蒙版】按钮◐，为其添加图层蒙版。

STEP 12 选择工具箱中的【画笔工具】🖌，在画布中单击鼠标右键，在弹出的面板中选择一种圆角笔触，将【大小】更改为 350 像素，【硬度】更改为 0。

STEP 13 将前景色更改为黑色，在图像上部分区域涂抹将其隐藏，这样就完成了效果制作，如图 9.132 所示。

图 9.132　涂抹后的效果

9.10　制作女式包包特效广告图

实例分析

本例讲解制作女式包包特效广告图，本例在制作过程中将雪山、树等大自然元素与包包相结合，突出了包包的品质感，最终效果如图 9.133 所示。

难度: ☆☆☆☆	
素材文件: 调用素材 \ 第 9 章 \ 装饰素材 .psd	
案例文件: 源文件 \ 第 9 章 \ 制作女式包包特效广告图 .psd	
视频文件: 视频教学 \ 第 9 章 \9.10　制作女式包包特效广告图 .mp4	

图 9.133　最终效果

1. 打造雪山背景

STEP 01 执行菜单栏中的【文件】|【新建】命令,在弹出的对话框中设置【宽度】为1200像素,【高度】为 600 像素,【分辨率】为 72 像素 / 英寸,新建一个空白画布。

STEP 02 在【图层】面板中,单击面板底部的【创建新图层】按钮田,新建一个【图层 1】图层并将其填充为白色。

STEP 03 在【图层】面板中,单击面板底部的【添加图层样式】按钮fx,在弹出的快捷菜单中选择【渐变叠加】命令。

STEP 04 在弹出的【图层样式】对话框中将【渐变】更改为浅红色(R: 245, G: 212, B: 216) 到深红色 (R: 163, G: 95, B: 95),【样式】更改为【径向】,【角度】更改为 0,【缩放】更改为 130,完成之后单击【确定】按钮,在图像中按住鼠标左键拖动,更改渐变的中心,效果如图 9.134 所示。

STEP 05 执行菜单栏中的【文件】|【打开】命令,选择"装饰素材 .psd"文件,并将其打开,在打开的素材文档中选中雪山图像将其拖曳至当前画布中,如图 9.135 所示。

STEP 06 在【图层】面板中,选中【雪山】图层,单击面板底部的【添加图层蒙版】按钮,为其添加图层蒙版。

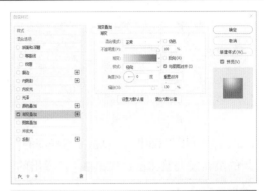

图 9.134　设置渐变叠加

图 9.135　添加素材

STEP 07 选择工具箱中的【画笔工具】,在画布中单击鼠标右键,在弹出的面板中选择一种圆角笔触,将【大小】更改为 120 像素,【硬度】更改为 0,如图 9.136 所示。

图 9.136　设置笔触

STEP 08 将前景色更改为黑色，在图像上部分区域涂抹将其隐藏，如图 9.137 所示。

图 9.137　隐藏图像

STEP 09 在【图层】面板中，单击面板底部的【创建新的填充或调整图层】按钮❷，在弹出的快捷菜单中选择【色相/饱和度】命令，在出现的面板中单击面板底部的【此调整影响下面的所有图层】按钮☐，将【色相】更改为 +140，【饱和度】更改为 -19，如图 9.138 所示。

图 9.138　调整色相 / 饱和度

STEP 10 在【图层】面板中，单击面板底部的【创建新的填充或调整图层】按钮❷，在弹出的快捷菜单中选择【色阶】命令，在出现的面板中单击面板底部的【此调整影响下面的所有图层】按钮☐，将数值更改为（13，1.46，223），如图 9.139 所示。

图 9.139　调整色阶

2.　添加下雪效果

STEP 01 选择工具箱中的【画笔工具】🖌，执行菜单栏中的【窗口】|【画笔设置】命令，在出现的面板中的【画笔笔尖形状】中选择一种圆形笔触，将【大小】更改为 10 像素，【间距】更改为 1000%，如图 9.140 所示。

STEP 02 勾选【形状动态】复选框，将【大小抖动】更改为 75%，如图 9.141 所示。

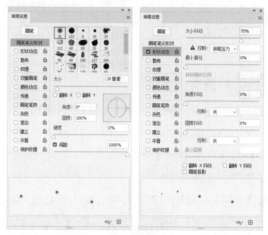

图 9.140　设置画笔笔尖形状　图 9.141　设置形状动态

STEP 03 勾选【散布】复选框，将【散布】更改为 1000%，如图 9.142 所示。

STEP 04 勾选【平滑】复选框，如图 9.143 所示。

图 9.142　设置散布　　图 9.143　勾选【平滑】
　　　　　　　　　　　　　　　　复选框

STEP 05 在【图层】面板中，单击面板底部的【创建新图层】按钮⊞，在【色阶 1】调整图层上方新建一个【图层 2】图层。

STEP 06 将前景色更改为白色，在图像中雪山区域按住左键拖动添加雪花图像，如图 9.144 所示。

图 9.144　添加雪花图像

STEP 07 选中【图层 2】图层，执行菜单栏中的【滤镜】|【模糊】|【动感模糊】命令，在弹出的对话框中将【角度】更改为 -50，【距离】更改为10，完成之后单击【确定】按钮，如图 9.145 所示。

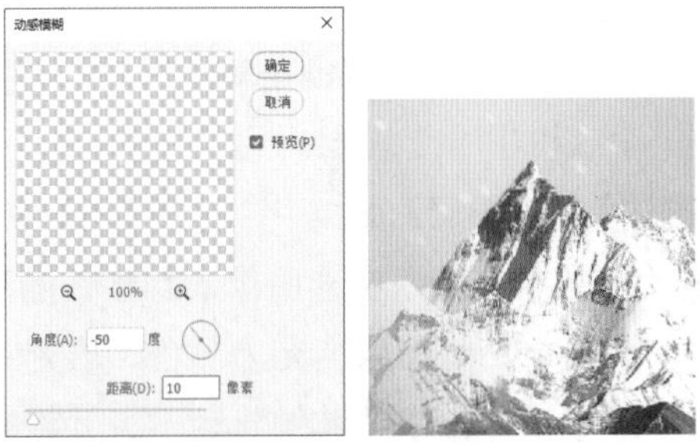

图 9.145　添加动感模糊

STEP 08 在【图层】面板中，选中【图层 2】图层，单击面板底部的【添加图层蒙版】按钮，为其添加图层蒙版。

STEP 09 选择工具箱中的【画笔工具】，在画布中单击鼠标右键，在弹出的面板中选择一种圆角笔触，将【大小】更改为 150 像素，【硬度】更改为 0。

提示

由于之前使用画笔添加过图像，再次使用画笔时需要在选项栏中单击鼠标右键将工具复位。

STEP 10 将前景色更改为黑色，在图像上部分区域涂抹将其隐藏，效果如图 9.146 所示。

图 9.146　隐藏图像

提示

为了使隐藏后的图像与原图像边缘过渡更加自然，可以在隐藏图像过程中适当更改画笔大小及硬度。

3. 添加细节装饰

STEP 01 选择工具箱中的【椭圆工具】，在选项栏中将【填充】更改为白色，【描边】更改为无，在山脚底部位置绘制一个椭圆，将生成一个【椭圆 1】图层，如图 9.147 所示。

图 9.147　绘制图形

STEP 02 执行菜单栏中的【滤镜】|【模糊】|【高斯模糊】命令，在弹出的对话框中将【半径】更改为10，完成之后单击【确定】按钮，如图 9.148 所示。

图 9.148　添加高斯模糊

STEP 03 执行菜单栏中的【滤镜】|【模糊】|【动感模糊】命令，在弹出的对话框中将【角度】更改为 0，【距离】更改为 250，设置完成之后单击【确定】按钮，效果如图 9.149 所示。

图 9.149　添加动感模糊

STEP 04 在【图层】面板中，选中【椭圆 1】图层，将其图层混合模式设置为【叠加】，效果如图 9.150 所示。

图 9.150　更改图层混合模式

4.　处理素材图像

STEP 01 在打开的素材文档中选中木板和树图像将其拖曳至当前画布中，如图 9.151 所示。

图 9.151　添加素材

STEP 02 在【图层】面板中，选中【木板】图层，单击面板底部的【添加图层样式】按钮*fx*，在弹出的快捷菜单中选择【投影】命令。

STEP 03 在弹出的【图层样式】对话框中将【混合模式】更改为【正片叠底】，【颜色】更改为深红色（R：98，G：40，B：40），取消勾选【使用全局光】复选框，将【角度】更改为 90，【距离】更改为 15，【大小】更改为 20，完成之后单击【确定】按钮，如图 9.152 所示。

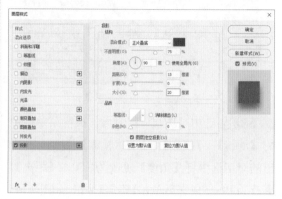

图 9.152　设置投影

STEP 04 在【图层】面板中，选中【树】图层，将其拖曳至面板底部的【创建新图层】按钮⊞上，复制一个【树 拷贝】图层。

STEP 05 在【图层】面板中，选中【树】图层，单击面板上方的【锁定透明像素】按钮▨，将透明像素锁定，将图像填充为黑色，填充完成之后再次单击此按钮将其解除锁定，并将其移至所有图层上方，如图 9.153 所示。

STEP 06 选中【树】图层，按 Ctrl+T 组合键对其执行【自由变换】命令，单击鼠标右键，从弹出的快捷菜单中选择【斜切】命令，拖动变形框控制点将图像变形，再将图像适当缩小，完成之后按 Enter 键确认，如图 9.154 所示。

图 9.153　复制图层　　　图 9.154　缩小图像

STEP 07 选中【树】图层，执行菜单栏中的【滤镜】|【模糊】|【高斯模糊】命令，在弹出的对话框中将【半径】更改为 3，完成之后单击【确定】按钮，效果如图 9.155 所示。

STEP 08 在【图层】面板中，选中【树】图层，将其图层混合模式设置为【叠加】，【不透明度】更改为 40，效果如图 9.156 所示。

图 9.155　添加高斯模糊　　图 9.156　更改图层混合模式

STEP 09 将素材中的包包拖曳至画布中，如图 9.157 所示。

图 9.157　添加素材

STEP 10 选中【包包】图层，在画布中按住 Alt+Shift 组合键向左侧拖动将图像复制，将复制生成的图像等比例缩小，完成之后按 Enter 键确认，效果如图 9.158 所示。

图 9.158　复制图像

5.　制作特效细节

STEP 01 选择工具箱中的【钢笔工具】✏，在选项栏中单击【选择工具模式】 路径 ∨ 按钮，在弹出的选项中选择【形状】，将【填充】更改为深红色（R：62，G：13，B：19），【描边】更改为无。

STEP 02 在包包底部位置绘制一个不规则图形，将生成一个【形状 1】图层，如图 9.159 所示。

STEP 03 选中【形状 1】图层，执行菜单栏中的【滤镜】|【模糊】|【高斯模糊】命令，在弹出的对话框中将【半径】更改为 3，完成之后单击【确定】按钮，如图 9.160 所示。

图 9.159　绘制图形　　图 9.160　添加高斯模糊

STEP 04 在【图层】面板中，单击面板底部的【创建新图层】按钮⊞，新建一个【图层 3】图层，将其填充为黑色。

STEP 05 执行菜单栏中的【滤镜】|【渲染】|【镜头光晕】命令，在弹出的对话框中将【亮度】更改为 100，选中【50-300 毫米变焦】单选按钮，完成之后单击【确定】按钮，如图 9.161 所示。

图 9.161　添加镜头光晕

STEP 06 选中【图层 3】图层，将其图层混合模式设置为【滤色】，效果如图 9.162 所示。

图 9.162　设置图层混合模式

STEP 07 在【图层】面板中，选中【图层3】图层，单击面板底部的【添加图层蒙版】按钮 ▣，为其添加图层蒙版。

STEP 08 选择工具箱中的【画笔工具】 ✎，在画布中单击鼠标右键，在弹出的面板中选择

一种圆角笔触，将【大小】更改为250像素，【硬度】更改为0。

STEP 09 将前景色更改为黑色，在图像靠下半部分区域涂抹将不需要的高光区域隐藏，这样就完成了效果制作，如图 9.163 所示。

图 9.163　涂抹后的效果

9.11　制作辣椒酱特效广告图

 实例分析

　　本例讲解制作辣椒酱特效广告图，本例的制作以特效辣椒酱为主，通过添加辣椒图像与火焰突出了商品的特点，最终效果如图 9.164 所示。

难度：☆☆☆☆
素材文件：调用素材＼第9章＼辣椒素材.psd、标志.psd
案例文件：源文件＼第9章＼制作辣椒酱特效广告图.psd
视频文件：视频教学＼第9章＼9.11　制作辣椒酱特效广告图.mp4

图 9.164　最终效果

1.　制作渐变背景

STEP 01 执行菜单栏中的【文件】|【新建】命令，在弹出的对话框中设置【宽度】为900像素，【高

度】为650像素，【分辨率】为72像素/英寸，新建一个空白画布。

STEP 02 在【图层】面板中，单击面板底部的【创建新图层】按钮 ⊞，新建一个【图层1】图层，将其填充为白色。

STEP 03 在【图层】面板中，单击面板底部的【添加图层样式】按钮 *fx*，在弹出的快捷菜单中选择【渐变叠加】命令。

STEP 04 在弹出的【图层样式】对话框中将【渐变】更改为深红色（R：69，G：7，B：2）到黑色，【角度】更改为-50，完成之后单击【确定】按钮，如图 9.165 所示。

图 9.165　设置渐变叠加

STEP 05 选择工具箱中的【椭圆工具】⬭，在选项栏中将【填充】更改为橙色（R：229，G：77，B：15），【描边】更改为无，绘制一个椭圆，将生成一个【椭圆 1】图层，如图 9.166 所示。

图 9.166　绘制图形

STEP 06 执行菜单栏中的【滤镜】|【模糊】|【高斯模糊】命令，在弹出的对话框中将【半径】更改为 100，完成之后单击【确定】按钮，效果如图 9.167 所示。

图 9.167　添加高斯模糊

2. 添加并处理素材

STEP 01 执行菜单栏中的【文件】|【打开】命令，

选择"辣椒素材 .psd"文件，并将其打开。

STEP 02 将打开的素材图像拖曳至画布中，选中【辣椒酱】图层，将其拖曳至面板底部的【创建新图层】按钮⊞上，复制一个【辣椒酱 拷贝】图层。

STEP 03 选中【辣椒酱】图层，在画布中按 Ctrl+T 组合键对其执行【自由变换】命令，将图像等比例缩小，完成之后按 Enter 键确认并放在画面右下角位置，将【辣椒酱 拷贝】图层中图像适当旋转放在左下角位置，效果如图 9.168 所示。

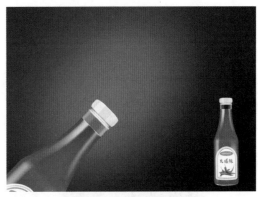

图 9.168　添加素材

STEP 04 在【图层】面板中，选中【辣椒酱】图层，单击面板底部的【添加图层样式】按钮fx，在弹出的快捷菜单中选择【渐变叠加】命令。

STEP 05 在弹出的【图层样式】对话框中将【渐变】更改为黑色到透明再到黑色，【角度】更改为 0，完成之后单击【确定】按钮，如图 9.169 所示。

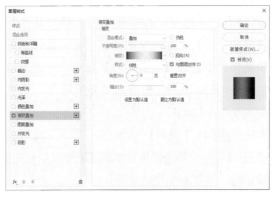

图 9.169　设置渐变叠加

STEP 06 在【辣椒酱】图层名称上单击鼠标右键，从弹出的快捷菜单中选择【拷贝图层样式】命令，在【辣椒酱 拷贝】图层名称上单击鼠标右键，从弹出的快捷菜单中选择【粘贴图层样式】命令，如图 9.170 所示。

图 9.170　拷贝并粘贴图层样式

STEP 07 双击【辣椒酱 拷贝】图层样式名称，在弹出的对话框中将【角度】更改为 -60，完成之后单击【确定】按钮，效果如图 9.171 所示。

图 9.171　更改图层样式

STEP 08 在【图层】面板中，选中【辣椒酱】图层，将其拖曳至面板底部的【创建新图层】按钮上，复制一个【辣椒酱 拷贝 2】图层，如图 9.172 所示。

STEP 09 在图像中按 Ctrl+T 组合键对其执行【自由变换】命令，单击鼠标右键，从弹出的快捷菜单中选择【垂直翻转】命令，完成之后按 Enter 键确认，将图像向下垂直移动，效果如图 9.173 所示。

STEP 10 在【图层】面板中，选中【辣椒酱 拷贝 2】图层，单击面板底部的【添加图层蒙版】按钮，为其添加图层蒙版。

图 9.172　复制图层　　　　图 9.173　变换图像

STEP 11 选择工具箱中的【渐变工具】，编辑黑色到白色的渐变，单击选项栏中的【线性渐变】按钮，在图像上拖动将部分图像隐藏，如图 9.174 所示。

STEP 12 选中【辣椒 2】图层，在画布中按 Ctrl+T 组合键对其执行【自由变换】命令，将图像等比例缩小，并移至右下角辣椒酱左侧位置，完成之后按 Enter 键确认，如图 9.175 所示。

图 9.174　隐藏图像　　　　图 9.175　添加素材图像

3.　对素材进行细节调整

STEP 01 选中【辣椒 2】图层，执行菜单栏中的【图像】|【调整】|【色相/饱和度】命令，在弹出的对话框中将【色相】更改为 10，【饱和度】更改为 -13，【明度】更改为 -10，完成之后单击【确定】按钮，如图 9.176 所示。

提示

在对素材图像进行调色时可以用图层面板中的【创建新的填充或调整图层】按钮，还可以用菜单栏中的调色命令，在此处因为对素材图像进行调色，所以直接用菜单栏中的命令即可。

图 9.176　调整色相 / 饱和度

STEP 02 以同样方法将【辣椒 2】图层复制并变换图像后添加图层蒙版制作出倒影效果，如图 9.177 所示。

图 9.177　制作倒影

STEP 03 选择工具箱中的【多边形套索工具】，在辣椒酱图像右上角绘制一个不规则选区以选取部分瓶盖图像，如图 9.178 所示。

STEP 04 选中【辣椒酱 拷贝】图层，按 Delete 键将选区中图像删除，完成之后按 Ctrl+D 组合键将选区取消，效果如图 9.179 所示。

STEP 05 在【图层】面板中，选中【火】图层，单击面板底部的【添加图层蒙版】按钮，为

其添加图层蒙版，并将其移至【辣椒酱 拷贝】图层下方。

图 9.178　绘制选区　　　图 9.179　删除图像

STEP 06 选择工具箱中的【画笔工具】，在画布中单击鼠标右键，在弹出的面板中选择一种圆角笔触，将【大小】更改为 50 像素，【硬度】更改为 0，如图 9.180 所示。

STEP 07 将前景色更改为黑色，在图像上与瓶口接触的部分区域涂抹将其隐藏，制作出瓶口喷火效果，效果如图 9.181 所示。

 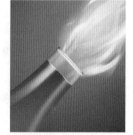

图 9.180　设置笔触　　　图 9.181　隐藏图像

4.　制作喷火特效

STEP 01 选择工具箱中的【钢笔工具】，在选项栏中单击【选择工具模式】路径按钮，在弹出的选项中选择【形状】，将【填充】更改为黄色（R：255，G：185，B：49），【描边】更改为无。

STEP 02 在瓶口位置绘制一个不规则图形，将生成一个【形状 1】图层，将其移至【辣椒酱 拷贝】图层下方，如图 9.182 所示。

231

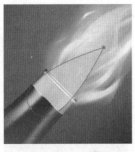

图 9.182 绘制图形

STEP 03 选中【形状 1】图层，执行菜单栏中的【滤镜】|【模糊】|【高斯模糊】命令，在弹出的对话框中将【半径】更改为 10，完成之后单击【确定】按钮，效果如图 9.183 所示。

图 9.183 添加高斯模糊

STEP 04 选中【形状 1】图层，将其图层混合模式设置为【颜色减淡（添加）】，效果如图 9.184 所示。

图 9.184 设置图层混合模式

STEP 05 选择工具箱中的【椭圆工具】 ◯ ，在选项栏中将【填充】更改为橙色（R：255，G：185，B：49），【描边】更改为无，在瓶口位置绘制一个椭圆，将生成一个【椭圆 2】图层，如图 9.185 所示。

STEP 06 选中【形状 1】图层，执行菜单栏中的【滤镜】|【模糊】|【高斯模糊】命令，在弹

出的对话框中将【半径】更改为 5，完成之后单击【确定】按钮，效果如图 9.186 所示。

图 9.185 绘制图形　　图 9.186 添加高斯模糊

STEP 07 选中【椭圆 2】图层，将其图层混合模式设置为【滤色】，如图 9.187 所示。

图 9.187 设置图层混合模式

STEP 08 依次添加辣椒和火星素材，并将复制的辣椒 2 图像移至不同位置旋转并缩放，如图 9.188 所示。

图 9.188 添加素材图像

STEP 09 选中其中一个辣椒所在图层，执行菜单栏中的【滤镜】|【模糊】|【动感模糊】命令，在弹出的对话框中将【角度】更改为 30，【距离】更改为 10，完成之后单击【确定】按钮，如图 9.189 所示。

图 9.189　设置动感模糊

STEP 10 以同样的方法为其他辣椒图像添加动感模糊效果，如图 9.190 所示。

图 9.190　添加动感模糊效果

5.　添加文字及标志

STEP 01 选择工具箱中的【横排文字工具】 T ，添加文字（汉仪尚巍手书 W），如图 9.191 所示。

STEP 02 执行菜单栏中的【文件】|【打开】命令，选择 "标志 .psd" 文件，将其打开后拖曳至画布右上角位置，如图 9.192 所示。

图 9.191　添加文字　　图 9.192　添加素材

STEP 03 在【图层】面板中，选中【火】图层，

单击面板底部的【添加图层样式】按钮 *fx* ，在弹出的快捷菜单中选择【投影】命令。

STEP 04 在弹出的【图层样式】对话框中将【混合模式】更改为【正片叠底】，将【颜色】更改为黑色，将【不透明度】更改为 20，取消勾选【使用全局光】复选框，将【角度】更改为 109，将【距离】更改为 5，将【大小】更改为 3，完成之后单击【确定】按钮，如图 9.193 所示。

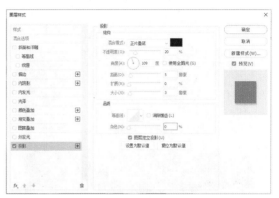

图 9.193　设置投影

STEP 05 在【火】图层名称上单击鼠标右键，从弹出的快捷菜单中选择【拷贝图层样式】命令，在其他几个文字图层名称上单击鼠标右键，从弹出的快捷菜单中选择【粘贴图层样式】命令，这样就完成了效果制作，如图 9.194 所示。

图 9.194　复制粘贴后的效果

9.12 制作田园特效广告图

实例分析

本例讲解制作田园特效广告图，将调用的素材进行拼接，同时处理好主视觉图像及装饰，即可完成效果制作，最终效果如图 9.195 所示。

难度：☆☆☆☆
素材文件：调用素材 \ 第 9 章 \ 天空 1.jpg、田园.psd、田园素材.psd
案例文件：源文件 \ 第 9 章 \ 制作田园特效广告图.psd
视频文件：视频教学 \ 第 9 章 \9.12　制作田园特效广告图.mp4

图 9.195　最终效果

1. 打造田园背景

STEP 01 执行菜单栏中的【文件】|【新建】命令，在弹出的对话框中设置【宽度】为 700 像素、【高度】为 600 像素、【分辨率】为 72 像素 / 英寸，新建一个空白画布。

STEP 02 执行菜单栏中的【文件】|【打开】命令，选择"天空 1.jpg、田园.psd"文件，将其打开并拖曳至画布中，如图 9.196 所示。

图 9.196　添加素材

STEP 03 在【图层】面板中，单击面板底部的【创建新的填充或调整图层】按钮 ，在弹出的菜单中选择【色彩平衡】命令，在出现的面板中选择色调为【阴影】，将其调整为偏黄色 -100，如图 9.197 所示。

图 9.197　调整阴影

STEP 04 选择色调为【中间调】，将其调整为偏黄色 -40，如图 9.198 所示。

STEP 05 选择工具箱中的【椭圆工具】 ，在选项栏中将【填充】更改为白色，【描边】更改为无，在画布中心位置绘制一个椭圆，将生成一个【椭圆 1】图层，并将其移至【田园】图层下方，如图 9.199 所示。

STEP 06 执行菜单栏中的【滤镜】|【模糊】|【高斯模糊】命令，在弹出的对话框中将【半径】更改为 100，完成之后单击【确定】按钮，效果如图 9.200 所示。

图 9.198　调整中间调

图 9.199　绘制图形

图 9.200　添加高斯模糊

2.　添加并处理素材图像

STEP 01 执行菜单栏中的【文件】|【打开】命令，选择"田园素材 .psd"文件，将其打开的素材中的木板、番茄及番茄 2 拖曳至画布中，如图 9.201 所示。

图 9.201　添加素材

STEP 02 在【图层】面板中选中【木板】图层，单击面板底部的【创建新的填充或调整图层】按钮，在弹出的菜单中选择【色阶】命令，在出现的面板中将数值更改为（100，1.28，255），单击面板底部的【此调整影响下面的所有图层】按钮，如图 9.202 所示。

图 9.202　调整色阶

STEP 03 在【图层】面板中，选中【番茄】图层，将其拖曳至面板底部的【创建新图层】按钮上，复制一个【番茄 拷贝】图层。

STEP 04 在【图层】面板中，选中【番茄】图层，单击面板上方的【锁定透明像素】按钮，将透明像素锁定，将图像填充为深黄色（R：67，G：33，B：0），填充完成之后再次单击此按钮将其解除锁定，在图像中将其向下稍微移动，如图 9.203 所示。

图 9.203　填充颜色

STEP 05 选中【番茄】图层，执行菜单栏中的【滤镜】|【模糊】|【高斯模糊】命令，在弹出的对话框中将【半径】更改为 10，完成之后单击【确定】按钮，效果如图 9.204 所示。

图 9.204　添加高斯模糊

STEP 06 在【图层】面板中，选中【番茄】图层，单击面板底部的【添加图层蒙版】按钮▢，为其添加图层蒙版。

STEP 07 选择工具箱中的【画笔工具】✐，在画布中单击鼠标右键，在弹出的面板中选择一种圆角笔触，将【大小】更改为120像素，【硬度】更改为0，如图9.205所示。

图9.205　设置笔触

STEP 08 将前景色更改为黑色，在图像上部分区域涂抹将其隐藏，为番茄制作阴影效果，效果如图9.206所示。

图9.206　隐藏图像

3.　对素材图像进行调整

STEP 01 在打开的素材文档中，将几个叶子图像拖曳至画布中适当位置并缩小，如图9.207所示。

图9.207　添加素材

STEP 02 选择工具箱中的【套索工具】⟲，在图像中右侧叶子位置绘制一个选区将多余杂乱的部分选取，如图9.208所示。

STEP 03 选中【叶4】图层，按Delete键将选区中的图像删除，完成之后按Ctrl+D组合键将选区取消，如图9.209所示。

图9.208　绘制选区　　　　图9.209　删除图像

STEP 04 以同样方法将【叶2】图层中多余的叶子图像删除，如图9.210所示。

图9.210　删除多余图像

STEP 05 在【图层】面板中，在【叶】图层名称上单击鼠标右键，在弹出的快捷菜单中选择【转换为智能对象】命令，然后添加高斯模糊效果。

STEP 06 以同样方法将【叶3】图层转换为智能对象并添加高斯模糊效果，如图9.211所示。

图9.211　添加高斯模糊

4. 添加修饰色彩

STEP 01 在【图层】面板中，单击面板底部的【创建新的填充或调整图层】按钮，在弹出的菜单中选择【纯色】命令，在出现的对话框中将颜色更改为深黄色（R：113，G：64，B：0），将其图层混合模式设置为【线性减淡（添加）】，【不透明度】更改为 50%，如图 9.212 所示。

图 9.212　更改图层混合模式

STEP 02 选择工具箱中的【画笔工具】，在画布中单击鼠标右键，在弹出的面板中选择一种圆角笔触，将【大小】更改为 150 像素，【硬度】更改为 0，如图 9.213 所示。

STEP 03 将前景色更改为黑色，在图像上部分区域涂抹将颜色隐藏，突出背景的黄色，如图 9.214 所示。

图 9.213　设置笔触　　　图 9.214　隐藏图像

5. 添加渲染特效

STEP 01 选择工具箱中的【横排文字工具】，添加文字（汉仪尚巍手书 W、苹方），效果如图 9.215 所示。

STEP 02 同时选中 4 个独立的大文字图层，按 Ctrl+G 组合键将其编组将生成一个【组 1】组。

STEP 03 在【图层】面板中，选中【组 1】组，

单击面板底部的【添加图层样式】按钮*fx*，在弹出的快捷菜单中选择【渐变叠加】命令。

图 9.215　添加文字

STEP 04 在弹出的【图层样式】对话框中将【渐变】更改为深黄色（R：184，G：69，B：0）到黄色（R：255，G：186，B：0），【缩放】更改为 20，完成之后单击【确定】按钮，如图 9.216 所示。

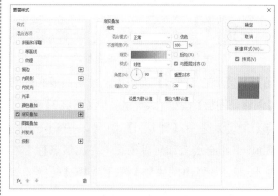

图 9.216　设置渐变叠加

STEP 05 在【图层】面板中，单击面板底部的【创建新图层】按钮，新建一个【图层 2】图层，将其填充为黑色。

STEP 06 执行菜单栏中的【滤镜】|【渲染】|【镜头光晕】命令，在弹出的对话框中选中【50-300 毫米变焦】单选按钮，将【亮度】更改为 130，完成之后单击【确定】按钮，如图 9.217 所示。

STEP 07 选中【图层 2】图层，将其图层混合模式设置为【滤色】，在图像中将发光的中心点移至大文字中间位置，效果如图 9.218 所示。

图 9.217　设置镜头光晕

图 9.219　盖印图层　　图 9.220　添加高斯模糊

图 9.218　设置图层混合模式

STEP 08 在【图层】面板中，单击面板底部的【创建新图层】按钮，新建一个【图层 3】图层。

STEP 09 选中【图层 3】图层，按 Ctrl+Alt+Shift+E 组合键盖印可见图层，在图层名称上右击鼠标，从弹出的快捷菜单中选择【转换为智能对象】命令，如图 9.219 所示。

STEP 10 执行菜单栏中的【滤镜】|【模糊】|【高斯模糊】命令，在弹出的对话框中将【半径】更改为 3，完成之后单击【确定】按钮，效果如图 9.220 所示。

STEP 11 选择工具箱中的【画笔工具】，在画布中单击鼠标右键，在弹出的面板中选择一种圆角笔触，将【大小】更改为 60 像素，【硬度】更改为 0。

> **技巧**
>
> 先将普通图层转换为智能对象图层，再为其添加滤镜效果，可以随时在【图层】面板中更改滤镜效果的设置。

STEP 12 将前景色更改为黑色，在图像上部分区域涂抹将不需要模糊的地方隐藏，这样就完成了效果制作，如图 9.221 所示。

图 9.221　涂抹后的效果

> **技巧**
>
> 添加模糊的目的是增加前后景的景深效果，在用画笔涂抹过程中，可不断地更改画笔笔触大小及其不透明度，这样经过模糊的图像效果更加自然。

9.13 动感音箱特效合成制作

实例分析

本例讲解动感音箱特效合成制作，本例的制作围绕音乐主题进行，通过为音箱合成特效图像突出音箱的特点，整体制作过程比较简单，最终效果也非常出色，最终效果如图 9.222 所示。

难度：☆☆☆☆	
素材文件：调用素材 \ 第 9 章 \ 音箱 .psd、音乐背景 .jpg、话筒 .psd	
案例文件：源文件 \ 第 9 章 \ 动感音箱特效合成制作 .psd	
视频文件：视频教学 \ 第 9 章 \9.13 动感音箱特效合成制作 .mp4	

图 9.222 最终效果

1. 制作主题背景

STEP 01 执行菜单栏中的【文件】|【新建】命令，在弹出的对话框中设置【宽度】为 800 像素，【高度】为 500 像素，【分辨率】为 72 像素 / 英寸，新建一个空白画布。

STEP 02 在【图层】面板中，单击面板底部的【创建新图层】按钮，新建一个【图层 1】图层并将其填充为白色。

STEP 03 在【图层】面板中，单击面板底部的【添加图层样式】按钮 *fx*，在弹出的快捷菜单中选择【渐变叠加】命令。

STEP 04 在弹出的【图层样式】对话框中将【渐变】更改为蓝色（R：0，G：116，B：197）到深蓝色（R：3，G：16，B：50），【样式】更改为【径向】，【角度】更改为 0，完成之后单击【确定】按钮，在图像中按住鼠标左键拖动，更改渐变的中心，如图 9.223 所示。

STEP 05 选择工具箱中的【椭圆工具】 ○，在选项栏中将【填充】更改为蓝色（R：10，

G：119，B：204），【描边】更改为无，在画布下半部分位置绘制一个椭圆，将生成一个【椭圆 1】图层，效果如图 9.224 所示。

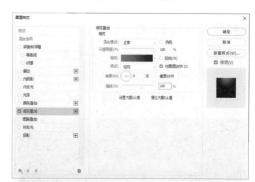

图 9.223 设置渐变叠加

图 9.224 绘制图形

STEP 06 选中【椭圆1】图层，执行菜单栏中的【滤镜】|【模糊】|【高斯模糊】命令，在弹出的对话框中将【半径】更改为30，完成之后单击【确定】按钮，效果如图9.225所示。

STEP 07 执行菜单栏中的【滤镜】|【模糊】|【动感模糊】命令，在弹出的对话框中将【角度】更改为0，【距离】更改为500，设置完成之后单击【确定】按钮，效果如图9.226所示。

图 9.225　添加高斯模糊　　图 9.226　添加动感模糊

2. 处理素材图像

STEP 01 执行菜单栏中的【文件】|【打开】命令，选择"音箱.psd"文件，并将其打开，将打开的素材拖曳至画布中间位置并缩小，如图9.227所示。

图 9.227　添加素材

STEP 02 在【图层】面板中，单击面板底部的【创建新的填充或调整图层】按钮，在弹出的快捷菜单中选择【色阶】命令，在出现的面板中将数值更改为（24，1.00，207），如图9.228所示。

图 9.228　调整色阶

STEP 03 选择工具箱中的【画笔工具】，在画布中单击鼠标右键，在弹出的面板中选择一种圆角笔触，将【大小】更改为100像素，【硬度】更改为0，如图9.229所示。

STEP 04 将前景色更改为黑色，在图像中音箱上半部分和底部进行涂抹，将不需要的部分隐藏，效果如图9.230所示。

图 9.229　设置笔触　　图 9.230　隐藏调整效果

STEP 05 选中【色阶1】图层，按Ctrl+E组合键将其向下合并。

STEP 06 在【图层】面板中，选中【音箱】图层，单击面板底部的【添加图层样式】按钮*fx*，在弹出的快捷菜单中选择【内发光】命令。

STEP 07 在弹出的【图层样式】对话框中将【混合模式】更改为【正常】，【颜色】更改为黑色，【大小】更改为20，完成之后单击【确定】按钮，如图9.231所示。

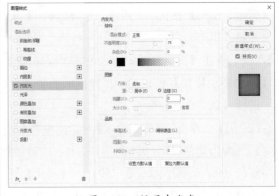

图 9.231　设置内发光

STEP 08 在【图层】面板中，选中【音箱】图层，在其图层名称上单击鼠标右键，在弹出的快捷菜单中选择【创建图层】命令，选中生成

的【"音箱"的内发光】图层，单击面板底部
的【添加图层蒙版】按钮 ◻，为其添加图层蒙版，
如图 9.232 所示。

STEP 09 选择工具箱中的【画笔工具】 🖌,
在画布中单击鼠标右键，在弹出的面板中选择
一种圆角笔触，将【大小】更改为 100 像素，【硬
度】更改为 0%，如图 9.233 所示。

图 9.232　添加图层蒙版　　图 9.233　设置笔触

STEP 10 将前景色更改为黑色，在图像上部分
区域涂抹将其隐藏，如图 9.234 所示。

图 9.234　隐藏图像

3. 打造动感舞台效果

STEP 01 同时选中【音箱】及【"音箱"的内
发光】图层，按 Ctrl+E 组合键将其合并，将生
成的图层名称更改为"音箱"。

STEP 02 选择工具箱中的【钢笔工具】 ✐，
在选项栏中单击【选择工具模式】 路径 ∨
按钮，在弹出的选项中选择【形状】，将【填充】
更改为白色，将【描边】更改为无。

STEP 03 在音箱中间位置绘制一个不规则图
形，将生成一个【形状 1】图层，如图 9.235 所示。

图 9.235　生成图层

STEP 04 执行菜单栏中的【文件】|【打开】命令，
选择"音乐背景 .jpg"文件，将其打开并拖曳
至画布中，其所在图层名称更改为"图层 2"，
效果如图 9.236 所示。

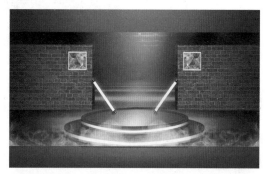

图 9.236　绘制图形

STEP 05 选中【图层 2】图层，执行菜单栏中
的【图层】|【创建剪贴蒙版】命令，为当前图
层创建剪贴蒙版将部分图像隐藏，如图 9.237
所示。

STEP 06 在画布中按 Ctrl+T 组合键执行【自
由变换】命令，将图像等比例缩小，完成之后
按 Enter 键确认，效果如图 9.238 所示。

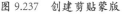

图 9.237　创建剪贴蒙版　　图 9.238　缩小图像

4. 美化屏幕细节

STEP 01 单击面板底部的【创建新图层】按钮，新建一个【图层3】图层。

STEP 02 按住 Ctrl 键单击【形状】图层缩览图，将选区载入。执行菜单栏中的【编辑】|【描边】命令，在弹出的对话框中将【宽度】更改为2，设置【颜色】为黑色，选中【内部】单选按钮，完成之后单击【确定】按钮，如图 9.239 所示。

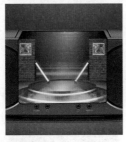

图 9.239　设置描边

STEP 03 在【图层】面板中，选中【图层3】图层，单击面板底部的【添加图层样式】按钮*fx*，在弹出的快捷菜单中选择【斜面和浮雕】命令。

STEP 04 在弹出的【图层样式】对话框中将【样式】更改为【内斜面】，【大小】更改为1，取消勾选【使用全局光】复选框，【角度】更改为0，【高光模式】更改为【正常】，【颜色】更改为蓝色（R：0，G：137，B：255），【不透明度】更改为75，【阴影模式】更改为【正常】，【不透明度】更改为75，完成之后单击【确定】按钮，如图 9.240 所示。

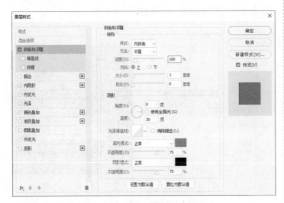

图 9.240　设置斜面和浮雕

STEP 05 执行菜单栏中的【文件】|【打开】命令，

选择"话筒.psd"文件，将其打开并拖曳至画布中图像舞台位置缩小，如图 9.241 所示。

图 9.241　添加素材

STEP 06 在【图层】面板中，选中【话筒】图层，单击面板底部的【添加图层样式】按钮*fx*，在弹出的快捷菜单中选择【渐变叠加】命令。

STEP 07 在弹出的【图层样式】对话框中将【混合模式】更改为【叠加】，【渐变】更改为透明到蓝色（R：0，G：116，B：197），【角度】更改为0，完成之后单击【确定】按钮，如图 9.242 所示。

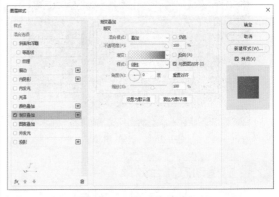

图 9.242　设置渐变叠加

5. 绘制灯光修饰

STEP 01 选择工具箱中的【椭圆工具】○，在选项栏中将【填充】更改为白色，【描边】更改为无，在舞台左上角位置绘制一个椭圆，将生成一个【椭圆2】图层，如图 9.243 所示。

STEP 02 在【图层】面板中，选中【椭圆2】图层，单击面板底部的【添加图层样式】按钮*fx*，在弹出的快捷菜单中选择【外发光】命令。

STEP 03 在弹出的【图层样式】对话框中将

【混合模式】更改为【正常】，【不透明度】更改为 100，【颜色】更改为蓝色（R：0，G：180，B：255），【扩展】更改为 15，【大小】更改为 25，完成之后单击【确定】按钮，如图 9.244 所示。

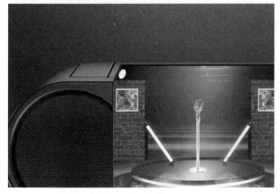

图 9.243　绘制图形

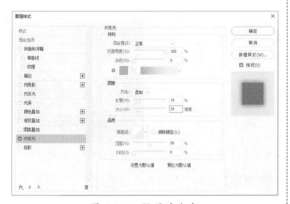

图 9.244　设置外发光

STEP 04 选择工具箱中的【钢笔工具】，在选项栏中单击【选择工具模式】路径按钮，在弹出的选项中选择【形状】，将【填充】更改为蓝色（R：174，G：231，B：255），【描边】更改为无。

STEP 05 在刚才绘制的椭圆位置绘制一个不规则图形，将生成一个【形状 2】图层，如图 9.245 所示。

STEP 06 选中【形状 2】图层，执行菜单栏中的【滤镜】|【模糊】|【高斯模糊】命令，在弹出的对话框中将【半径】更改为 3，完成之后单击【确定】按钮，效果如图 9.246 所示。

图 9.245　绘制图形　　图 9.246　添加高斯模糊

STEP 07 在【图层】面板中，选中【形状 2】图层，单击面板底部的【添加图层蒙版】按钮，为其添加图层蒙版，如图 9.247 所示。

STEP 08 选择工具箱中的【渐变工具】，编辑黑色到白色的渐变，单击选项栏中的【线性渐变】按钮，在图像上拖动将部分图像隐藏，如图 9.248 所示。

图 9.247　添加图层蒙版　　图 9.248　隐藏图像

STEP 09 同时选中【椭圆 2】及【形状 2】图层，按 Ctrl+G 组合键将其编组，将生成的组名称更改为"左侧灯光"，选中【左侧灯光】组将其拖曳至面板底部的【创建新图层】按钮上，复制一个组，并将其组名称更改为"右侧灯光"如图 9.249 所示。

STEP 10 选中【右侧灯光】组，将其向右侧移至相对位置，再按 Ctrl+T 组合键对其执行【自由变换】命令，单击鼠标右键，从弹出的快捷菜单中选择【水平翻转】命令，完成之后按 Enter 键确认，效果如图 9.250 所示。

图 9.249　复制组　　　　图 9.250　变换图像

图 9.253　绘制图形

6.　完善主视觉细节

STEP 01 选择工具箱中的【矩形工具】，在选项栏中将【填充】更改为黑色，【描边】更改为无，在音箱底部绘制一个矩形，将生成一个【矩形 1】图层，并将其移至【音箱】图层下方，如图 9.251 所示。

STEP 02 选中【矩形】图层，执行菜单栏中的【滤镜】|【模糊】|【高斯模糊】命令，在弹出的对话框中将【半径】更改为 3，完成之后单击【确定】按钮，效果如图 9.252 所示。

STEP 05 在【图层】面板中，选中【形状 3】图层，单击面板底部的【添加图层蒙版】按钮，为其添加图层蒙版，如图 9.254 所示。

STEP 06 选择工具箱中的【渐变工具】，编辑黑色到白色的渐变，单击选项栏中的【线性渐变】按钮，在图像上拖动将部分图像隐藏，如图 9.255 所示。

 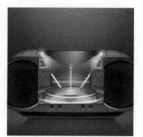

图 9.254　添加图层蒙版　　图 9.255　隐藏图像

STEP 07 选择工具箱中的【横排文字工具】，添加文字，这样就完成了合成操作，效果如图 9.256 所示。

图 9.251　绘制图形　　　图 9.252　添加高斯模糊

STEP 03 选择工具箱中的【钢笔工具】，在选项栏中单击【选择工具模式】 路径 按钮，在弹出的选项中选择【形状】，将【填充】更改为蓝色（R：2，G：22，B：48），【描边】更改为无。

STEP 04 在音箱底部位置绘制一个不规则图形，将生成一个【形状 3】图层，如图 9.253 所示。

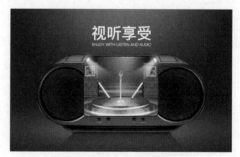

图 9.256　添加文字后的效果

9.14 时尚鞋子合成图制作

实例分析

本例讲解时尚鞋子合成图制作，本例的制作以表现鞋子的效果为主，通过绘制特效图形来表现出鞋带的特征完成效果制作，最终效果如图 9.257 所示。

难度：☆☆☆☆
素材文件：调用素材 \ 第 9 章 \ 鞋子 .psd
案例文件：源文件 \ 第 9 章 \ 时尚鞋子合成图制作 .psd
视频文件：视频教学 \ 第 9 章 \9.14　时尚鞋子合成图制作 .mp4

图 9.257　最终效果

1. 制作主题背景

STEP 01 执行菜单栏中的【文件】|【新建】命令，在弹出的对话框中设置【宽度】为 1000 像素，【高度】为 500 像素，【分辨率】为 72 像素 / 英寸，新建一个空白画布。

STEP 02 在【图层】面板中，单击面板底部的【创建新图层】按钮，新建一个【图层 1】图层，将其填充为白色。

STEP 03 在【图层】面板中，单击面板底部的【添加图层样式】按钮 fx，在弹出的快捷菜单中选择【渐变叠加】命令。

STEP 04 在弹出的【图层样式】对话框中将【渐变】更改为灰色（R：191，G：191，B：191）到白色，【样式】更改为【线性】，【角度】更改为 0，完成之后单击【确定】按钮，如图 9.258 所示。

STEP 05 选择工具箱中的【矩形工具】，在选项栏中将【填充】更改为黑色，【描边】更改为无，在画布底部绘制一个矩形，此时将生成一个【矩形 1】图层，如图 9.259 所示。

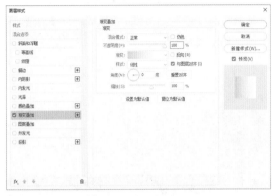

图 9.258　设置渐变叠加

图 9.259　绘制图形

STEP 06 在【图层 1】图层名称上单击鼠标右键，从弹出的快捷菜单中选择【拷贝图层样式】命令，在【矩形 1】图层名称上单击鼠标右键，从弹出的快捷菜单中选择【粘贴图层样式】命令。

STEP 07 双击【矩形 1】图层样式名称，在弹出的对话框中将【渐变】更改为蓝色（R：52，G：55，B：208）到蓝色（R：24，G：27，B：142），【样式】更改为【径向】，【角度】更改为 0，完成之后单击【确定】按钮，效果如图 9.260 所示。

图 9.260　设置渐变叠加

STEP 08 选择工具箱中的【矩形工具】□，在选项栏中将【填充】更改为红色（R：214，G：63，B：108），【描边】更改为无，在画布左侧绘制一个矩形，此时将生成一个【矩形 2】图层，如图 9.261 所示。

图 9.261　绘制图形

STEP 09 选中【矩形 2】图层，在画布中按住 Alt+Shift 组合键向右侧拖动将图形复制，将生成一个【矩形 2 拷贝】图层，将复制生成的图形更改为红色（R：206，G：46，B：94），如图 9.262 所示。

图 9.262　复制图形

STEP 10 选择工具箱中的【直接选择工具】▷，选中【矩形 2 拷贝】图形右下角锚点向上拖动，将图形变形，效果如图 9.263 所示。

STEP 11 在【图层】面板中，单击面板底部的【创建新图层】按钮 ⊞，新建一个【图层 2】图层。

图 9.263　将图形变形

STEP 12 选中【图层 1】图层，按 Ctrl+Alt+Shift+E 组合键盖印可见图层。

STEP 13 将【图层 2】图层复制，选中【图层 2 拷贝】图层。执行菜单栏中的【滤镜】|【模糊】|【高斯模糊】命令，在弹出的对话框中将【半径】更改为 5，完成之后单击【确定】按钮，如图 9.264 所示。

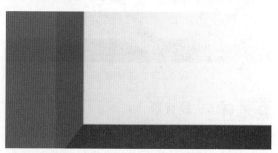

图 9.264　添加高斯模糊

STEP 14 在【图层】面板中，选中【图层 2 拷贝】图层，单击面板底部的【添加图层蒙版】按钮 ◻，为其添加图层蒙版。

STEP 15 选择工具箱中的【画笔工具】✎，在画布中单击鼠标右键，在弹出的面板中选择一种圆角笔触，将【大小】更改为 250 像素，【硬度】更改为 0，如图 9.265 所示。

图 9.265　设置笔触

STEP 16 将前景色更改为黑色,在图像上部分区域涂抹将其隐藏,如图 9.266 所示。

图 9.266　隐藏图像

 技巧

　　模糊图像的目的是突出图像空间感,将近处的模糊图像隐藏,突出远处的模糊效果。

2. 绘制细节图像

STEP 01 选择工具箱中的【椭圆工具】◯,在选项栏中将【填充】更改为黑色,【描边】更改为无,在画布靠左侧位置按住 Shift 键绘制一个正圆,将生成一个【椭圆 1】图层,如图 9.267 所示。

STEP 02 在【图层】面板中,选中【椭圆 1】图层,将其拖曳至面板底部的【创建新图层】按钮⊞上,复制一个【椭圆 1 拷贝】图层,将图形更改为白色,在画布中按 Ctrl+T 组合键对其执行【自由变换】命令,将图形等比例缩小,完成之后按 Enter 键确认,如图 9.268 所示。

图 9.267　绘制正圆　　　　图 9.268　变换图形

提示

　　复制生成的图形尽量向右侧稍微移动,与其下方大圆形成错位效果方便后期制作小孔图像。

STEP 03 在【图层】面板中,选中【椭圆 1】图层,单击面板底部的【添加图层样式】按钮 *fx*,在弹出的快捷菜单中选择【渐变叠加】命令。

STEP 04 在弹出的【图层样式】对话框中将【渐变】更改为深红色(R:154,G:13,B:55)到红色(R:207,G:47,B:95),【角度】更改为 0,如图 9.269 所示。

图 9.269　设置渐变叠加

STEP 05 勾选【斜面和浮雕】复选框,将【样式】更改为【枕状浮雕】,【大小】更改为 3,完成之后单击【确定】按钮,如图 9.270 所示。

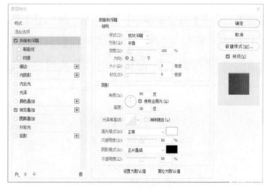

图 9.270　设置斜面和浮雕

STEP 06 在【图层】面板中,选中【椭圆 1 拷贝】图层,单击面板底部的【添加图层样式】按钮 *fx*,在弹出的快捷菜单中选择【渐变叠加】命令。

STEP 07 在弹出的【图层样式】对话框中将【渐变】更改为深红色(R:162,G:13,B:54)到深红色(R:39,G:0,B:7),【角度】更改为 0,完成之后单击【确定】按钮,如图 9.271 所示。

图 9.271　设置渐变叠加

STEP 08 同时选中【椭圆 1】及【椭圆 1 拷贝】图层，按 Ctrl+G 组合键将其编组，将生成的组名称更改为"左侧小孔"，如图 9.272 所示。

图 9.272　将图层编组

STEP 09 在【图层】面板中，选中【左侧小孔】组，将其拖曳至面板底部的【创建新图层】按钮上，复制一个【左侧小孔 拷贝】组，将其组名称更改为"右侧小孔"，如图 9.273 所示。

图 9.273　复制组

3.　完善细节图像

STEP 01 选中【右侧小孔】组，在画布中将其向右移动，再按 Ctrl+T 组合键对其执行【自由变换】命令，将图像等比例缩小，完成之后按 Enter 键确认，如图 9.274 所示。

STEP 02 在【图层】面板中，展开【右侧小孔】组，将组中的图形渐变更改为蓝色系，与其形成对比，如图 9.275 所示。

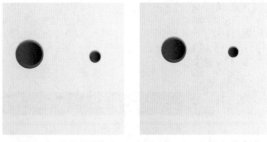

图 9.274　变换图形　　图 9.275　更改渐变颜色

提示

在更改右侧小孔渐变颜色时，需要注意与背景的蓝色形成相照应关系。

STEP 03 选择工具箱中的【钢笔工具】，在选项栏中单击【选择工具模式】按钮，在弹出的选项中选择【形状】，将【填充】更改为任意颜色，【描边】更改为无。

STEP 04 在左侧圆孔位置绘制一个不规则图形，将生成一个【形状 1】图层，如图 9.276 所示。

图 9.276　绘制图形

STEP 05 在【图层】面板中，选中【形状 1】图层，单击面板底部的【添加图层样式】按钮 fx，在弹出的快捷菜单中选择【渐变叠加】命令。

STEP 06 在弹出的【图层样式】对话框中将【渐变】更改为黄色（R：197，G：105，B：4）到黄色（R：240，G：211，B：21）再到黄色（R：197，G：105，B：4），【角度】更改为0，完成之后单击【确定】按钮，如图9.277所示。

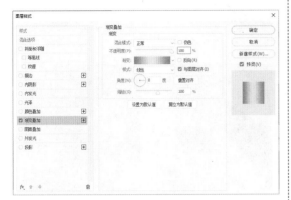

图9.277 设置渐变叠加

技巧

在【渐变叠加】设置面板打开的情况下，可以在画布中按住鼠标左键拖动以更改渐变颜色的位置。

STEP 07 选择工具箱中的【钢笔工具】，在选项栏中单击【选择工具模式】 路径 按钮，在弹出的选项中选择【形状】，将【填充】更改为黄色（R：200，G：113，B：0），【描边】更改为无。

STEP 08 在刚才绘制的图形下方位置绘制一个不规则图形，将生成一个【形状2】图层，将其移至【形状1】图层下方，如图9.278所示。

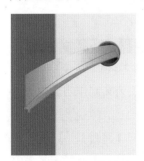

图9.278 绘制图形

4. 对细节图像进行修饰

STEP 01 选择工具箱中的【椭圆工具】，在选项栏中将【填充】更改为黑色，【描边】更改为无，在刚才绘制的图形左侧位置绘制一个细长形椭圆，将生成一个【椭圆2】图层，如图9.279所示。

图9.279 绘制图形

STEP 02 选中【椭圆2】图层，执行菜单栏中的【滤镜】|【模糊】|【高斯模糊】命令，在弹出的对话框中将【半径】更改为5，完成之后单击【确定】按钮，效果如图9.280所示。

STEP 03 执行菜单栏中的【滤镜】|【模糊】|【动感模糊】命令，在弹出的对话框中将【角度】更改为90，【距离】更改为100，设置完成之后单击【确定】按钮，效果如图9.281所示。

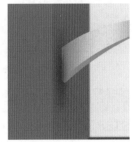

图9.280 添加高斯模糊　　图9.281 添加动感模糊

STEP 04 在【图层】面板中，选中【椭圆2】图层，单击面板底部的【添加图层蒙版】按钮，为其添加图层蒙版。

STEP 05 选择工具箱中的【画笔工具】，在画布中单击鼠标右键，在弹出的面板中选择一种圆角笔触，将【大小】更改为60像素，【硬度】更改为 0，如图 9.282 所示。

STEP 06 将前景色更改为黑色，在图像上部分区域涂抹将其隐藏制作出阴影效果，如图 9.283 所示。

图 9.282　设置笔触

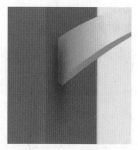

图 9.283　隐藏图像

STEP 07 选择工具箱中的【钢笔工具】，在选项栏中单击【选择工具模式】路径按钮，在弹出的选项中选择【形状】，将【填充】更改为黑色，【描边】更改为无。

STEP 08 在阴影位置绘制一个不规则图形，将生成一个【形状 3】图层，将其移至【形状 2】图层下方，如图 9.284 所示。

图 9.284　绘制图形

5. 调整细节图像

STEP 01 选中【形状 3】图层，执行菜单栏中的【滤镜】|【模糊】|【高斯模糊】命令，在弹出的对话框中将【半径】更改为 2，完成之后单击【确定】按钮，效果如图 9.285 所示。

STEP 02 选中【形状 3】图层，将其图层【不透明度】更改为 50，效果如图 9.286 所示。

STEP 03 以同样方法在画布左侧绘制一个弧形并为其添加渐变叠加图层样式制作出丝带效果，如图 9.287 所示。

图 9.285　添加高斯模糊

图 9.286　更改不透明度

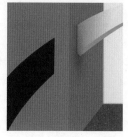

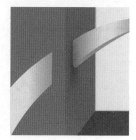

图 9.287　绘制图形制作丝带效果

STEP 04 选择工具箱中的【钢笔工具】，在选项栏中单击【选择工具模式】路径按钮，在弹出的选项中选择【形状】，将【填充】更改为黄色（R：252，G：239，B：0），【描边】更改为无。

STEP 05 在刚才绘制的图形位置绘制一个不规则图形，将生成一个【形状 4】图层，将其移至刚才绘制的图形所在图层【形状 3】图层下方，如图 9.288 所示。

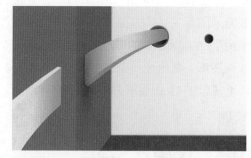

图 9.288　绘制图形

STEP 06 以刚才同样方法为其制作阴影效果，如图 9.289 所示。

STEP 07 选择工具箱中的【椭圆工具】，在选项栏中将【填充】更改为白色，【描边】更改为无，在画布靠左侧位置按住 Shift 键绘制一个正圆，将生成一个【椭圆 4】图层，如图 9.290 所示。

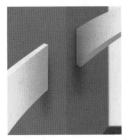

图 9.289　制作阴影

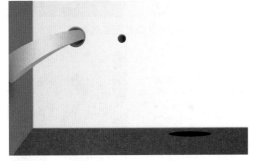

图 9.290　绘制图形

STEP 08 在【图层】面板中,选中【椭圆 4】图层,单击面板底部的【添加图层样式】按钮 *fx*,在弹出的快捷菜单中选择【渐变叠加】命令。

STEP 09 在弹出的【图层样式】对话框中将【渐变】更改为深蓝色(R:5,G:6,B:54)到蓝色(R:35,G:39,B:130),【角度】更改为 96,完成之后单击【确定】按钮,如图 9.291 所示。

图 9.291　设置渐变叠加

STEP 10 选择工具箱中的【钢笔工具】 ,在选项栏中单击【选择工具模式】 路径 按钮,在弹出的选项中选择【形状】,将【填充】更改为黄色(R:223,G:168,B:14),【描边】更改为无。

STEP 11 在画布右侧两个圆形之间绘制一个不

规则图形,如图 9.292 所示。

STEP 12 以刚才同样方法为其添加渐变叠加,如图 9.293 所示。

图 9.292　绘制图形　　图 9.293　添加渐变叠加

6.　添加并处理素材

STEP 01 选择工具箱中的【钢笔工具】 ,分别在图形的右上角和左下角位置再次绘制图形,制作出厚度效果,如图 9.294 所示。

STEP 02 执行菜单栏中的【文件】|【打开】命令,选择"鞋子 .psd"文件,并将其打开。将打开的鞋子图像拖曳至画布中,如图 9.295 所示。

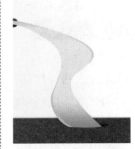

图 9.294　绘制图形　　图 9.295　添加素材

STEP 03 在【图层】面板中,选中【鞋子】图层,将其拖曳至面板底部的【创建新图层】按钮上,复制一个【鞋子 拷贝】图层。

STEP 04 将【鞋子 拷贝】图层移至【鞋子】图层下方,按Ctrl+T组合键对其执行【自由变换】命令,单击鼠标右键,从弹出的快捷菜单中选择【水平翻转】命令,完成之后按Enter键确认,效果如图 9.296 所示。

STEP 05 选中【鞋子 拷贝】图层,执行菜单栏中的【图像】|【调整】|【色相/饱和度】命令,在弹出的对话框中将【色相】更改为 –127,完成之后单击【确定】按钮,如图 9.297 所示。

图 9.296 复制并变换图像

图 9.297 调整色相

STEP 06 同时选中【鞋子】及【鞋子 拷贝】图层，按 Ctrl+G 组合键将其编组，将生成的组名称更改为"两双鞋子"。

STEP 07 在【图层】面板中，选中【两双鞋子】组，将其拖曳至面板底部的【创建新图层】按钮田上，复制一个【两双鞋子 拷贝】组，按 Ctrl+E 组合键将其合并，将其图层混合模式设置为【正片叠底】，如图 9.298 所示。

STEP 08 在【图层】面板中，选中【两双鞋子 拷贝】图层，单击面板底部的【添加图层蒙版】按钮，为其添加图层蒙版，如图 9.299 所示。

STEP 09 选择工具箱中的【画笔工具】，在画布中单击鼠标右键，在弹出的面板中选择一种圆角笔触，将【大小】更改为 300 像素，【硬度】更改为 0。

STEP 10 将前景色更改为黑色，在图像上部分

区域涂抹将其隐藏，为鞋子制作出高光阴影效果，加强其立体感，如图 9.300 所示。

图 9.298 设置图层混合模式

图 9.299 添加图层蒙版　　图 9.300 隐藏图像

7. 装饰素材图像

STEP 01 选择工具箱中的【钢笔工具】，在选项栏中单击【选择工具模式】 路径 按钮，在弹出的选项中选择【形状】，将【填充】更改为黑色，将【描边】更改为无。

STEP 02 在右侧鞋子位置绘制一个不规则图形，将生成一个【形状 9】图层，将其移至【两双鞋子】组中【鞋子】图层下方，如图 9.301 所示。

图 9.301 绘制图形

STEP 03 选中【形状 9】图层，执行菜单栏中的【滤镜】|【模糊】|【动感模糊】命令，在弹出的对话框中将【角度】更改为 0，将【距离】更改为 130，设置完成之后单击【确定】按钮，效果如图 9.302 所示。

STEP 04 执行菜单栏中的【滤镜】|【模糊】|【高

斯模糊】命令，在弹出的对话框中将【半径】更改为 5 像素，完成之后单击【确定】按钮，效果如图 9.303 所示。

图 9.302　添加动感模糊　图 9.303　添加高斯模糊

STEP 05 在【图层】面板中，选中【形状 9】图层，单击面板底部的【添加图层蒙版】按钮■，为其添加图层蒙版。

STEP 06 选择工具箱中的【画笔工具】🖌，在画布中单击鼠标右键，在弹出的面板中选择一种圆角笔触，将【大小】更改为 110 像素，将【硬度】更改为 0，如图 9.304 所示。

STEP 07 将前景色更改为黑色，在图像上部分区域涂抹将其隐藏，使阴影效果更加真实，如图 9.305 所示。

图 9.304　设置笔触　　图 9.305　隐藏图像

STEP 08 以同样方法利用【钢笔工具】🖊，在左侧鞋子下方绘制图形制作阴影效果，如图 9.306 所示。

图 9.306　制作阴影

8.　添加文字并对其修饰

STEP 01 选择工具箱中的【横排文字工具】**T**，添加文字（苹方），如图 9.307 所示。

图 9.307　添加文字

STEP 02 选中左侧英文所在图层，将其图层【不透明度】更改为 20，效果如图 9.308 所示。

STEP 03 选择工具箱中的【椭圆工具】◯，在选项栏中将【填充】更改为红色（R：214，G：63，B：108），将【描边】更改为无，在右侧文字左上角位置按住 Shift 键绘制一个正圆，将生成一个【椭圆 5】图层，如图 9.309 所示。

图 9.308　更改不透明度　图 9.309　绘制图形

STEP 04 选中【椭圆 5】图层，在画布中按住 Alt+Shift 组合键向右侧拖动将图形复制，这样就完成了合成操作，最终效果如图 9.310 所示。

图 9.310　最终效果

9.15 拓展训练

本节有针对性地安排了两个不同工具在抠图中的应用，让读者学习基础抠图的方法，了解抠图的重要性，为进一步提高抠图技巧打下基础。

训练 9-1 炫酷运动鞋上新硬广设计

📖 **实例分析**

本例练习炫酷运动鞋上新硬广制作，本例的视觉效果十分华丽，且整个风格较为统一。最终效果如图 9.311 所示。

图 9.311　最终效果

难度：☆☆☆☆
素材文件：调用素材 \ 第 9 章 \ 背景.jpg、颗粒.jpg、鞋子1.psd
案例文件：源文件 \ 第 9 章 \ 炫酷运动鞋上新硬广设计.psd
视频文件：视频教学 \ 第 9 章 \ 训练9-1 炫酷运动鞋上新硬广设计.mp4

步骤分解图如图 9.312 所示。

图 9.312　步骤分解图

训练 9-2 年终大促 banner 设计

📖 **实例分析**

本例练习使用磁性套索工具抠取抱枕，磁性套索工具的使用方法具有一定的被动性，是一种比较智能化的套索工具，它比较适合抠取具有明显色彩区分的图像。最终效果如图 9.313 所示。

图 9.313　最终效果

难度：☆☆☆
素材文件：调用素材 \ 第 9 章 \ 背景1.jpg、人物.psd
案例文件：源文件 \ 第 9 章 \ 年终大促 banner 设计.psd
视频文件：视频教学 \ 第 9 章 \ 训练9-2　年终大促 banner 设计.mp4

步骤分解图如图 9.314 所示。

图 9.314　步骤分解图